PENSAMIENTOS INCONTROLABLES: EL MODELO DE LOS MECANISMOS TENSIONALES EN LA PSICOPATOLOGÍA HUMANA

© 2012, Rafael Jiménez Díaz

Editado e Impreso por www.lulu.com

ISBN: 978-1-291-43448-4

Queda prohibida la reproducción total o parcial de esta obra sin el consentimiento y/o autorización expresa del autor.

PENSAMIENTOS INCONTROLABLES: EL MODELO DE LOS MECANISMOS TENSIONALES EN LA PSICOPATOLOGÍA HUMANA

AGRADECIMIENTOS

Sirvan estas líneas como agradecimiento a todas aquellas personas que, de una u otra forma, me han ayudado a confeccionar esta obra. Especial mención a Francisco Manuel Gutiérrez Díaz por su ayuda en las tareas de diseño, a Carolina Molina Caro por su ayuda en las búsquedas de datos y, por supuesto, a mi familia por su apoyo y colaboración. Muchas gracias a todos.

PENSAMIENTOS INCONTROLABLES: EL MODELO DE LOS MECANISMOS TENSIONALES EN LA PSICOPATOLOGÍA HUMANA

INDICE

1. INTRODUCCIÓN………………………………….…..3
2. LUDOPATÍA O JUEGO PATOLÓGICO……....6
3. CLEPTOMANÍA……………………..…..11
4. TRICOTILOMANÍA…………………….…...16
5. PIROMANÍA………………………………….20
6. T. EXPLOSIVO-INTERMITENTE…………...25
7. BULIMIA………………………….………….30
8. DROGODEPENDENCIAS………………….34
9. T. OBSESIVO-COMPULSIVO……………....…38
10. ANSIEDAD GENERALIZADA……………….42
11. T. DE PÁNICO O DE ANGUSTIA……….…46
12. TRASTORNOS DEPRESIVOS……………….49
13. PARAFILIAS SEXUALES…………………….54
14. HOMOSEXUALIDAD EGODISTÓNICA……60
15. PERSONALIDAD ANTISOCIAL……………..66
16. CONCLUSIONES……………………………….70
17. REFERENCIAS BIBLIOGRÁFICAS………...76

PENSAMIENTOS INCONTROLABLES: EL MODELO DE LOS MECANISMOS TENSIONALES EN LA PSICOPATOLOGÍA HUMANA

INTRODUCCIÓN

La meta de este libro es la de arrojar algo de luz en la comprensión de los factores implicados en la génesis, eclosión y mantenimiento de algunos de los trastornos psicológicos más relevantes desde el punto de vista clínico.

Para ello, se propone un modelo psicológico, denominado Modelo de los Mecanismos Tensionales, basado en el Trastorno de Evitación Experiencial o TEE (Hayes, Wilson, Gifford, Follette y Stroshal, 1996) y en la Teoría de la Terminación Conductual (McConaghy, 1980).

El Trastorno de Evitación Experiencial o TEE (Hayes et al., 1996) hace referencia a una dimensión funcional del sufrimiento psicológico en el que una persona se halla envuelta de forma crónica y persistente, a pesar de lo desadaptativo que esto le resulta para su vida. Básicamente, lo que sus defensores proponen es que los esfuerzos de una persona por evitar ciertos pensamientos, sentimientos, sensaciones fisiológicas o eventos privados de cualquier tipo, producen el efecto contrario. Por ejemplo, cuando alguien se dice a sí mismo: «Tengo que evitar pensar que *soy una mala persona*» o «Tengo que pensar que yo no *soy una mala persona*», paradójicamente, ambos enunciados contienen el contenido evitado «*soy una mala persona*».

Según esto, cuando cualquier persona intenta evitar o suprimir un contenido, llamémosle X, necesariamente va a estar en relación o en contacto con dicho contenido X, produciéndose un efecto paradójico. Este fenómeno paradójico descrito en el TEE (Hayes et al., 1996) ya ha sido puesto de manifiesto anteriormente en varios de los trastornos que se recogen en este libro, tales como las drogodependencias (Marlatt, 1994; Wulfert, 1994; Ve-

PENSAMIENTOS INCONTROLABLES: EL MODELO DE LOS MECANISMOS TENSIONALES EN LA PSICOPATOLOGÍA HUMANA

lasco y Quiroga, 2001; Luciano, 2001), el trastorno obsesivo-compulsivo (Gold y Wegner, 1995; McCarthy y Foa, 1990), el trastorno de pánico (Craske, Street y Barlow, 1990), la depresión (Dougher y Hackbert, 1994; Luciano y Huertas, 1999), la bulimia (Nash y Farmer, 1999) y las parafilias (LoPiccolo, 1994; Jiménez Díaz, 2012).

Los factores que favorecerían la aparición del TEE serían los contextos de fusión/literalidad, de dar razones, de evaluación/valoración y de control/evitación, contextos, todos ellos, reforzados socialmente (Wilson y Luciano, 2002). Estos contextos promueven la fusión patológica con los propios eventos privados (fusión/literalidad), la búsqueda de una causa o explicación para esos eventos privados (dar razones), su análisis constante (evaluación/valoración) y los intentos de eliminar, o al menos mantener bajo control, los eventos privados que son valorados como aversivos (control/evitación).

El Modelo de los Mecanismos Tensionales expuesto en este libro asume los fenómenos paradójicos del TEE (Hayes et al., 1996), pero tiene de novedoso el papel determinante que otorga a la tensión (de ahí su nombre), entendida como malestar fisiológico, en la explicación de bastantes trastornos psicológicos. Este postulado es desarrollado directamente a partir de la Teoría de la Terminación Conductual (McConaghy, 1980), que afirma que, cuando un individuo se encuentra ante una situación estimular catalogada como amenazante, se produce una activación fisiológica desagradable que sólo desaparece llevando a cabo una conducta compulsiva de contacto con ese estímulo. Este fenómeno seguiría un patrón de reforzamiento negativo en el que el refuerzo de la conducta sería la eliminación de las sensaciones de malestar y ansiedad.

PENSAMIENTOS INCONTROLABLES: EL MODELO DE LOS MECANISMOS TENSIONALES EN LA PSICOPATOLOGÍA HUMANA

Combinando las dos teorías en las que se basa, la del TEE (Hayes et al., 1996) y la de la Terminación Conductual (McConaghy, 1980), a través del Modelo de los Mecanismos Tensionales se intentará explicar cómo se instauran, de forma crónica en los pacientes, las preocupaciones, obsesiones y pensamientos negativos característicos de cada trastorno y cómo, para reducir la ansiedad producida por todos esos eventos aversivos (que paradójicamente aumentan al intentar ser evitados), se llevan a cabo conductas desadaptativas o inadecuadas socialmente.

A lo largo del presente libro, se irá viendo cómo la evitación experiencial, el aumento paradójico en la intensidad de los eventos privados y la descarga de tensión están presentes, de una u otra forma, en muchos trastornos clínicos que, en apariencia, no tienen nada que ver en cuanto a sintomatología, pero sí en lo referente a aspectos funcionales.

PENSAMIENTOS INCONTROLABLES: EL MODELO DE LOS MECANISMOS TENSIONALES EN LA PSICOPATOLOGÍA HUMANA

LUDOPATÍA O JUEGO PATOLÓGICO

Este trastorno se caracteriza, según el *DSM-IV-TR* (APA, 2002) y el *CIE-10* (OMS, 1992), por un comportamiento de juego desadaptativo, persistente y recurrente. Estaría presente un impulso incontrolado por participar en diversos tipos de juegos de azar (loterías, máquinas tragaperras, bingos, apuestas, etc.) de una manera excesiva, produciéndose un deterioro de la vida del sujeto (pérdidas económicas, problemas familiares, laborales, etc.).

La primera vez que alguien juega a algún tipo de juego de azar, probablemente no gane nada y decida que es mejor no malgastar su dinero en ese tipo de cosas. Alguna que otra vez, repetirá para probar suerte, pero sin llegar a «engancharse» al juego. En cambio, si esa persona, en vez de no obtener nada, la primera vez que juega consiguiese ganar algún dinero, se sentiría muy contenta por haber ganado y probablemente decidiese seguir participando porque piense que «tiene su día de suerte». Si en su segunda participación no ganase nada, sería posible que lo volviese a intentar otra vez para recuperar su dinero. Tras varios intentos fallidos dejaría de participar, aunque es probable que le quedase la intención de probar otro día, ya que, de las cuatro o cinco veces que habría jugado, habría conseguido ganar al menos en una ocasión, así que seguramente piense que no está tan mal.

Los juegos de azar siguen un patrón de re-reforzamiento intermitente en las que unas veces se consigue el premio (reforzamiento positivo) y otras no. Si un jugador siguiera mucho tiempo sin ganar, probablemente acabaría dejándolo por completo, pero bastaría con que consiguiese de forma aislada alguna ganancia para que siguiese jugando, sin tener en cuenta

PENSAMIENTOS INCONTROLABLES: EL MODELO DE LOS MECANISMOS TENSIONALES EN LA PSICOPATOLOGÍA HUMANA

que, a largo plazo, las pérdidas superarían a las ganancias.

Estas pérdidas económicas y el hecho de dedicar cada vez más tiempo a esta actividad harán que los individuos empiecen a mentir a las personas de su entorno y empiecen a tener problemas familiares. Estas consecuencias negativas pueden disponer a los jugadores a intentar controlar su deseo de jugar cada vez que se encuentren en situaciones donde existe la posibilidad de participar en juegos de azar (situación estimular desencadenante).

La mayoría de la gente no experimentará tensión alguna ante este tipo de situaciones, pero para un individuo al que las tragaperras, la lotería, las apuestas o el bingo le han supuesto el perder dinero o el tener discusiones familiares es bastante distinto. Cuando intentara resistirse, le asaltaría el miedo ante la posibilidad de no lograrlo. Esta autopercepción de su propia dificultad para controlar su deseo de jugar desencadenaría pensamientos de culpa porque sabría que su conducta le está haciendo perder dinero y está haciendo daño a su familia. Por otro lado, sabría que existe una posibilidad de ganar y recuperar su dinero.

Esta situación de ambivalencia sería bastante desagradable porque, cuando cualquier individuo tiene que elegir entre dos opciones, se produce una activación fisiológica que lo empuja a decidirse hacia una opción u otra.

El miedo, la culpa y la ambivalencia harían que la tensión fisiológica se hiciese tan insoportable que los individuos se verían obligados a jugar para que esta tensión disminuyese. Esto tiene mucho sentido ya que, si alguien tiene miedo de que ocurra algo y esto ocurre, su miedo desaparecerá porque el hecho que temía ya ha ocurrido. Por ello, se dice que «la única manera de vencer a la tentación es cayendo en ella».

PENSAMIENTOS INCONTROLABLES: EL MODELO DE LOS MECANISMOS TENSIONALES EN LA PSICOPATOLOGÍA HUMANA

Lo malo es que estas personas, cuando terminasen de jugar y volviesen a perder otra vez, se sentirían mal consigo mismos. En parte, ya sabían que si jugaban acabarían sintiéndose mal y culpables, pero hay que tener en cuenta que ya estaban sintiéndose mal antes de jugar. Lo que se intenta explicar es que esa anticipación ansiosa de la posibilidad de no controlar su impulso es lo que, paradójicamente, hace que no lo controlen.

A medida que avanza todo este proceso, las pérdidas económicas y los problemas con sus familias serían mayores, de manera que aumentarían la culpa y el malestar consigo mismos. Si al principio jugaban para conseguir mejorar su situación económica, ahora lo harían para recuperar el dinero perdido pensando que, por intentarlo una vez más, su situación no va a empeorar mucho más, ya que «tienen mucho que ganar y poco que perder». El individuo caería así en un círculo vicioso que se puede visualizar mejor mediante un análisis funcional y topográfico representado en el siguiente esquema:

-ANTECEDENTE:

A una persona le surge la posibilidad de jugar a algún juego de azar (tragaperras, lotería, apuestas, bingo, etc.) que anteriormente le ha hecho perder dinero y le ha empezado a acarrear problemas familiares.

-RESPUESTA 1ª:

R. Cognitiva: «Seguro que vuelvo a caer» (miedo), «No tengo fuerza de voluntad» (culpa), «No debería pensar en jugar» (evitación), «Aunque quizás pueda recuperar dinero» (ambivalencia).

PENSAMIENTOS INCONTROLABLES: EL MODELO DE LOS MECANISMOS TENSIONALES EN LA PSICOPATOLOGÍA HUMANA

R. Conductual: Se mantiene tensa y agitada.

R. Fisiológica: Ansiedad.

-CONSECUENTE 1º:

La persona sufre.

-RESPUESTA 2ª:

R. Cognitiva: «No soporto esta tensión, me rindo».

R. Conductual: Juega otra vez.

R. Fisiológica: Liberación momentánea de ansiedad.

-CONSECUENTE 2º:

La persona no ha ganado y ha vuelto a perder dinero, pero ha liberado su tensión (reforzamiento negativo).

-RESPUESTA 3ª:

R. Cognitiva: «Me ha vuelto a pasar, debería haberme controlado» (culpa).

R. Conductual: Se marcha afligida.

R. Fisiológica: Malestar.

-CONSECUENTE 3º:

La persona se siente culpable y se esforzará por evitar estas conductas la próxima vez que surja la posibilidad de llevarlas a cabo, reanudándose todo el proceso descrito anteriormente.

PENSAMIENTOS INCONTROLABLES: EL MODELO DE LOS MECANISMOS TENSIONALES EN LA PSICOPATOLOGÍA HUMANA

CLEPTOMANÍA

Este trastorno se caracteriza, según el *DSM-IV-TR* (APA, 2002) y el *CIE-10* (OMS, 1992), por una dificultad recurrente para controlar los impulsos de robar objetos que no son necesarios para el uso personal o por su valor económico. Además, se produce una sensación de tensión creciente inmediatamente antes de cometer el robo y un bienestar, gratificación o liberación en el momento de cometer el robo. Por último, el robo no se comete para expresar cólera, por venganza, en respuesta a una idea delirante o una alucinación o por la presencia de un trastorno antisocial o un episodio maníaco.

La mayoría de las personas, cuando son pequeñas, han podido experimentar la tentación puntual de llevarse algún dulce, caramelo o juguete de alguna tienda o supermercado. También, la mayoría de ellas estaban enteradas de que apropiarse de cosas ajenas estaba mal. El concepto de pertenencia y posesión de los objetos es uno de los que aprenden con más rapidez los niños pequeños. De este modo, cuando los niños experimentan el conflicto entre coger algo que les gusta o dejarlo donde estaba porque no les pertenece, la mayoría, si es que han estado bien educados, resistirán su impulso para evitar una regañina de sus padres o de los dueños de la tienda.

Otros, en cambio, si están completamente seguros de que no van a ser descubiertos, decidirán robar sin que esto represente ningún problema ético o moral, porque para ellos el único problema de llevar a cabo dicha conducta sería el de llegar a ser descubiertos. Sencillamente, no se sentirían culpables por hacer esto, pero ¿son este tipo de niños los que, al llegar a la edad adulta, se convertirán en cleptómanos? Probablemente no.

PENSAMIENTOS INCONTROLABLES: EL MODELO DE LOS MECANISMOS TENSIONALES EN LA PSICOPATOLOGÍA HUMANA

Estos niños «sinvergüenzas» o traviesos, al llegar a la edad adulta, es muy probable que dejen de robar, ya que las consecuencias negativas de dicha conducta (el ser descubiertos) superarán con diferencia a las positivas (conseguir algún objeto apetecido). Y es que no es lo mismo ser pillado robando caramelos cuando se tienen 11 años, que hacerlo cuando se tienen 25. La vergüenza social experimentada será mayor a medida que aumenta la edad, por lo que, sencillamente, esa conducta desaparecerá en la edad adulta, ya que no merece la pena arriesgarse por un objeto que se puede adquirir pagándolo (siempre y cuando la situación económica no sea demasiado desfavorable).

Entonces, ¿por qué los cleptómanos roban objetos, a veces insignificantes (aunque también pueden ser objetos caros y valiosos), aún a pesar del riesgo de ser descubiertos? La respuesta estaría precisamente en ese riesgo y en un conflicto moral mayor que el que experimentan la mayoría de las personas ante situaciones en las que surge la posibilidad de cometer un hurto.

Para entender esto, habría que retroceder a la infancia de los cleptómanos e identificar algunos factores predisponentes y precipitantes. Así, un niño pequeño que logra resistir el impulso de robar algo para seguir siendo considerado «bueno» por sus padres se sentirá satisfecho consigo mismo. En cambio, niñas pequeñas (la cleptomanía tiene mayor incidencia entre las mujeres) que hayan recibido una educación muy estricta por parte de sus padres, cuando en alguna tienda sintiesen la tentación de llevarse algo, podrían experimentar un conflicto bastante más agudo. Probablemente, estas niñas logren resistir ese impulso para no disgustar a sus padres, pero, mientras que el niño del primer ejemplo se sentiría «bueno» por no haber robado, estas niñas, en vez de sentirse «buenas» por no

PENSAMIENTOS INCONTROLABLES: EL MODELO DE LOS MECANISMOS TENSIONALES EN LA PSICOPATOLOGÍA HUMANA

haberlo hecho, se sentirían «terriblemente malas» por haber pensado en hacerlo. Habrían sentido la tentación de coger algo que no es suyo y eso para ellas estaría muy mal. Aunque al final no lo hubiesen hecho, para ellas pensarlo sería tan malo como hacerlo. A partir de ahí, cada vez que las niñas vayan a alguna tienda, se podrían esforzar por evitar ese tipo de tentaciones y pensamientos.

Ya se comentó en la Introducción de este libro que, cuando se intentan evitar ciertos pensamientos, se da la paradoja de que éstos permanecen de forma insidiosa. Así, las niñas podrían pensar cosas del tipo: «No pienses en cogerlo», «No pienses en que quieres llevártelo», «No está bien esto que estoy pensando», «Soy una niña mala», «¿Qué pensarían mis padres si supieran lo que pienso?», etc. Todos estos pensamientos harían que las niñas experimentasen una gran culpa y una gran tensión que irían aumentando a medida que sus intentos por controlarlos van produciendo todo lo contrario: cada vez se hacen más continuos.

Cuando la tensión se vuelve demasiado insoportable, las futuras cleptómanas valorarían la posibilidad de rendirse a la tentación para dejar de experimentar esa angustia. Esa valoración, «Si la cojo, dejaré de sentir de una vez esta angustia», haría que experimentasen aún más tensión, ya que surgirían las siguientes nuevas preocupaciones: «Si la cojo puede que me pillen», «Me sentiré avergonzada si me descubren», «He valorado la posibilidad de robar, estoy a punto de hacerlo», «Soy una ladrona».

Finalmente, de manera compulsiva, las niñas se rendirían y cometerían el hurto del objeto, liberándose de toda esa tensión acumulada (reforzamiento negativo) y obteniendo algo que les gustaba (reforzamiento positivo). A corto plazo, habrían liberado su ansiedad, pero sería bastante probable que estas niñas, cuando

PENSAMIENTOS INCONTROLABLES: EL MODELO DE LOS MECANISMOS TENSIONALES EN LA PSICOPATOLOGÍA HUMANA

llegasen a casa y empezasen a pensar en lo que habrían hecho, se sintiesen abrumadas por pensamientos de culpa, del tipo: «Soy una ladrona», «Lo que he hecho está muy mal», «He defraudado a mis padres». Si además tienen creencias religiosas, pensarían: «He pecado, Dios me va a castigar».

En este punto, el trastorno no habría hecho más que comenzar. A partir de ahí, lo normal sería que, cada vez que surja la posibilidad de llevar a cabo un robo (situación estimular desencadenante), estas niñas se pusieran en estado de alerta y fuesen asaltadas por cogniciones del tipo: «Esta vez tengo que evitarlo», «Me tengo que esforzar más aún para poder controlarlo», «No puedo permitir que pase otra vez», etc. De esta manera, el círculo vicioso volvería a comenzar. Todo este proceso se visualiza mejor mediante el siguiente análisis funcional y topográfico:

-ANTECEDENTE:

Una persona, que durante su infancia ha recibido una educación estricta, ve un objeto que le gusta y surge la posibilidad de llevárselo.

-RESPUESTA 1ª:

R. Cognitiva: «¿Cómo puedo pensar esto?» (culpa), «¿Seré capaz de hacerlo?» (miedo), «No debería pensar en robar» (evitación), «Pero el objeto me gusta y si lo hago, acabará esta tensión» (ambivalencia).

R. Conductual: Se mantiene tensa y agitada.

R. Fisiológica: Ansiedad.

PENSAMIENTOS INCONTROLABLES: EL MODELO DE LOS MECANISMOS TENSIONALES EN LA PSICOPATOLOGÍA HUMANA

-CONSECUENTE 1º:

La persona sufre.

-RESPUESTA 2ª:

R. Cognitiva: «No soporto esta tensión, me rindo».

R. Conductual: Agarra el objeto y se lo lleva.

R. Fisiológica: Liberación momentánea de la tensión y reducción del malestar.

-CONSECUENTE 2º:

La persona ha conseguido un objeto que le gusta (reforzamiento positivo) y ha liberado su tensión (reforzamiento negativo).

-RESPUESTA 3ª:

R. Cognitiva: «Me ha vuelto a pasar, debería haberme controlado» (culpa).

R. Fisiológica: Malestar.

-CONSECUENTE 3º:

La persona se siente culpable y se esforzará por evitar estas conductas la próxima vez que surja la posibilidad de llevarlas a cabo, reanudándose todo el proceso descrito anteriormente.

PENSAMIENTOS INCONTROLABLES: EL MODELO DE LOS MECANISMOS TENSIONALES EN LA PSICOPATOLOGÍA HUMANA

TRICOTILOMANÍA

Esta patología consiste, según el *DSM-IV-TR* (APA, 2002) y el *CIE-10* (OMS, 1992), en un arrancamiento del propio pelo de forma recurrente, que da lugar a una pérdida perceptible de pelo. Aparece una sensación de tensión creciente inmediatamente antes del arrancamiento de pelo o cuando se intenta resistir la práctica de ese comportamiento y un bienestar, gratificación o liberación cuando se produce el arrancamiento del pelo. La alteración no se explica mejor por la presencia de otro trastorno mental y no se debe a una enfermedad médica (por ejemplo, enfermedad dermatológica).

Son muchas las personas que cuando se encuentran ansiosas, en momentos de estrés, se comen las uñas, agitan los pies o se frotan nerviosamente las manos. La gente hace esto para liberar tensión, proyectándola sobre estas conductas. El mecanismo que subyace en la tricotilomanía sería similar a esas conductas (el ingrediente principal sería un alto nivel de ansiedad a la que habría que dar salida), con la diferencia de que tendría consecuencias secundarias más negativas para los individuos. Alguien que se frota las manos o agita los pies cuando está nervioso, por más que lo haga, no va a sufrir ningún daño. En el caso de que le dé por comerse las uñas, aunque en algunos casos se puedan producir pequeñas heridas por querer «apurar al máximo», nadie va a acabar comiéndose sus propios dedos para reducir ansiedad. Con la conducta de arrancarse los pelos es diferente porque, si se hace en exceso, pronto aparecerán zonas calvas y las personas tendrán que dejar de hacerlo si no quieren verse afectadas estéticamente.

La primera vez que alguien se arranca un pelo para reducir la ansiedad, probablemente lo hiciese de manera

PENSAMIENTOS INCONTROLABLES: EL MODELO DE LOS MECANISMOS TENSIONALES EN LA PSICOPATOLOGÍA HUMANA

fortuita. Tal vez estuviese rascándose la cabeza o acariciándose el pelo cuando le dio por arrancarse uno. La acción de arrancarse un pelo es bastante entretenida (uno selecciona un pelo, lo separa del resto y tira con fuerza suficiente para sacarlo), por lo que se necesita que se focalice bastante la atención en esa acción, liberándose bastante tensión. El problema surgiría cuando esa acción se convierte en hábito y llega la hora de parar. Sería aquí cuando entrarían en juego todas las variables que se han visto sobre evitación de pensamientos y sus efectos. Cuando alguien que se relaja arrancándose pelos se prohíbe a sí mismo seguir haciéndolo, sentirá aún más deseos de hacerlo. Pensaría cosas como: «Tengo que intentar no *arrancarme pelos*», «No voy a pensar más en *arrancarme pelos*», «Tengo que estar menos *nervioso*», «Tengo que controlar *mi ansiedad*», «Si sigo haciéndolo se me va a notar mucho», «Esto *no es normal*».

De esta forma, su intento por evitar o controlar todos los eventos privados asociados a la conducta de arrancarse pelos estaría produciendo el efecto contrario: no conseguiría hacer otra cosa más que darle vueltas a esos eventos. Esto ocurre porque los pensamientos anteriores incluyen directamente los contenidos evitados «*arrancarme pelos*», «*nervioso*», «*mi ansiedad*» y «*no es normal*».

Así es como funcionaría la evitación de experiencias en esta problemática que, junto con los pensamientos de culpa, tales como «Esto no es normal» o «Debería ser capaz de controlarme», haría que aumentasen la ansiedad y tensión del individuo. Una persona, en esas circunstancias, se encontraría preso por la ambivalencia entre controlar esa conducta y rendirse al impulso de seguir arrancándose pelos para no seguir con esa tensión. Finalmente, tras varios intentos fallidos por controlar la conducta (que, como se ha visto, lo único que harían sería aumentar su tensión), lo normal sería que el individuo cediese y acabase arrancándose pelos de nuevo, iniciándose otra vez el círculo vicioso que se describe en el análisis funcional presentado a continuación:

-ANTECEDENTE:

Una persona con estrés acumulado o ansiedad previa, ocasionalmente, se ha ido relajando arrancándose pelos y ahora intenta controlar esa conducta.

-RESPUESTA 1ª:

R. Cognitiva: «Tengo que dejar de hacerlo, esto no es normal» (culpa), «¿Seré capaz de controlarme?» (miedo), «Si lo hago, me relajaré y dejaré de sufrir» (ambivalencia), «No, no quiero pensar en arrancarme pelos» (evitación).

R. Conductual: Se mantiene tensa y agitada.

R. Fisiológica: Ansiedad.

-CONSECUENTE 1º:

La persona sufre.

-RESPUESTA 2ª:

R. Cognitiva: «No soporto esta tensión, me rindo».

R. Conductual: Se arranca otro pelo.

R. Fisiológica: Liberación momentánea de la tensión y reducción del malestar.

-CONSECUENTE 2º:

La persona ha liberado su tensión (reforzamiento negativo), pero ha llevado a cabo la conducta que pretendía evitar y se siente culpable.

-RESPUESTA 3ª:

R. Cognitiva: «Me ha vuelto a pasar, debería haberme controlado» (culpa).

R. Fisiológica: Malestar.

-CONSECUENTE 3º:

La persona se siente culpable y seguirá esforzándose por evitar arrancarse más pelos, reanudándose todo el proceso descrito anteriormente.

PENSAMIENTOS INCONTROLABLES: EL MODELO DE LOS MECANISMOS TENSIONALES EN LA PSICOPATOLOGÍA HUMANA

PIROMANÍA

Este trastorno se caracteriza, según el *DSM-IV-TR* (APA, 2002) y el *CIE-10* (OMS, 1992) por la provocación deliberada e intencionada de un incendio en más de una ocasión, tensión o activación emocional antes del acto y bienestar, gratificación o liberación cuando se inicia el fuego. Además, el incendio no se provoca por móviles económicos, como expresión de una ideología sociopolítica, para ocultar una actividad criminal, para expresar cólera o venganza, en respuesta a una idea delirante o alucinación, como resultado de una alteración del juicio o por la presencia de un trastorno antisocial o un episodio maníaco.

Cuando son pequeños, la mayoría de los niños sienten fascinación por el fuego, se divierten quemando papelitos o haciendo pequeñas hogueras. Algunos sufrirán accidentes que les producirán pequeñas quemaduras y aprenderán a temer al fuego y a respetarlo. Cuando sean adultos, el interés por el fuego habrá disminuido. Entonces, ¿por qué algunas personas adultas se sienten tan atraídas por el fuego hasta el punto de no poder controlar el impulso por quemar cosas?

Una posible explicación sería la presencia de sucesos traumáticos relacionados con el fuego durante la infancia o la adolescencia temprana. Así, en los casos de niños que hayan podido tener experiencias traumáticas con el fuego (por ejemplo, provocar algún incendio fortuito mientras jugaban con él o bien sufrir algunas quemaduras al manipular algún objeto ardiendo), sus padres podrían haberlos castigado severamente riñéndoles o incluso pegándoles y, por supuesto, prohibiéndoles para siempre el volver a jugar con fuego. También podrían darse casos de piromanía en los que los individuos no hayan pasado por experiencias trau-

PENSAMIENTOS INCONTROLABLES: EL MODELO DE LOS MECANISMOS TENSIONALES EN LA PSICOPATOLOGÍA HUMANA

máticas con el fuego, pero igualmente sus padres les hayan prohibido utilizarlo por considerarlo peligroso Esta prohibición de manipular el fuego podría ser el principal factor predisponente de la piromanía. Ya se ha visto, en algunas patologías anteriores, cómo cuando una persona se prohíbe a sí misma algo e intenta evitar pensar en eso, paradójicamente, se produce el efecto contrario y la persona no hace más que pensar justamente en eso.

En las primeras fases del desarrollo de la piromanía, los niños se podrían decir a sí mismos cosas como: «Mamá no quiere que juegue con el fuego», «El fuego es peligroso, debo evitar pensar en él», «Voy a intentar no pensar en jugar con fuego». Este tipo de pensamientos harían que se fuesen sintiendo tensos por la posibilidad de no ser capaz de resistirse a jugar con el fuego, pensando cosas como: «Lo voy a hacer otra vez y mamá se volverá a enfadar conmigo», «No soy capaz de controlarme», etc. La culpa por tener este tipo de pensamientos y la ansiedad ante la posibilidad de no ser capaz de controlarse irían aumentando cada vez más, hasta que el niño podría ceder y acabaría rindiéndose a sus impulsos.

De esta manera, tras estos episodios, cada vez que los padres (u otras figuras de autoridad) volvieran a reñirles y a hacerles hincapié en la importancia de controlarse y evitar tales conductas, se reanudaría el ciclo de preocupación/intento de control/ansiedad/liberación. Los niños acabarían entrando en la adolescencia sintiendo todas esas sensaciones de fascinación, miedo y culpa con respecto al fuego descritas anteriormente. En la adolescencia, lo normal sería que la culpa fuese aún mayor a medida que los individuos fuesen creciendo. Un niño de 10 años que juega con fuego, pese a las prohibiciones de los adultos, podría ser considerado desobediente o travieso, pero un joven de 16 años que va por ahí prendiéndole fuego a las cosas, sería considerado un delincuente o un enfermo. Una vez que el individuo se hiciese adulto, lo normal sería que no se conformase con encender una pequeña hoguera (puesto que socialmente esto no representaría ningún problema moral), sino que incendiaría, sin motivo aparente, contenedores, vehículos, mobiliario urbano, algún paraje natural, algún inmueble abandonado, etc.

De esta forma, el individuo entraría en la edad adulta con este trastorno haciendo mella en su propia identidad y afectando a su autoestima debido a la imposibilidad de controlarlo, ya que, como se ha visto anteriormente, los intentos por controlarlo no harían más que aumentar su problema. El análisis funcional y topográfico de este trastorno sería el siguiente:

-ANTECEDENTE:

Una persona, que durante su infancia ha sido reprendido en más de una ocasión por sus padres al jugar con fuego o se ha visto implicado en algún accidente relacionado con él (incendio, quemaduras, etc.), se encuentra ante la posibilidad de volver a jugar con fuego o encender alguna hoguera.

-RESPUESTA 1ª:

R. Cognitiva: «No debería jugar con esto, es peligroso» (miedo), «No está bien, mamá se va a enfadar» (culpa), «No quiero pensar más en esto (evitación), pero el fuego es divertido y quizás no ocurra nada» (ambivalencia).

R. Conductual: Se mantiene tensa y agitada.

PENSAMIENTOS INCONTROLABLES: EL MODELO DE LOS MECANISMOS TENSIONALES EN LA PSICOPATOLOGÍA HUMANA

R. Fisiológica: Ansiedad.

-CONSECUENTE 1º:

La persona sufre.

-RESPUESTA 2ª:

R. Cognitiva: «No soporto esta tensión, me rindo».

R. Conductual: Enciende fuego y juega con él.

R. Fisiológica: Liberación momentánea de la tensión y reducción del malestar.

-CONSECUENTE 2º:

La persona ha liberado su tensión (reforzamiento negativo), pero ha llevado a cabo la conducta que pretendía evitar y se siente culpable.

-RESPUESTA 3ª:

R. Cognitiva: «Me ha vuelto a pasar, debería haberme controlado» (culpa).

R. Fisiológica: Malestar.

-CONSECUENTE 3º:

La persona se siente culpable y seguirá esforzándose por evitar la tentación de jugar con fuego, reanudándose todo el proceso descrito anteriormente.

PENSAMIENTOS INCONTROLABLES: EL MODELO DE LOS MECANISMOS TENSIONALES EN LA PSICOPATOLOGÍA HUMANA

TRASTORNO EXPLOSIVO-INTERMITENTE

Este trastorno se caracteriza, según el *DSM-IV-TR* (APA, 2002) y el *CIE-10* (OMS, 1992), por la presencia de varios episodios aislados de dificultad para controlar los impulsos agresivos, que dan lugar a violencia o a destrucción de la propiedad. El grado de agresividad durante los episodios es desproporcionado con respecto a la intensidad de cualquier estresante psicosocial precipitante. Además, los episodios agresivos no se explican mejor por la presencia de otro trastorno mental y no son debidos a los efectos fisiológicos directos de una sustancia o a una enfermedad médica.

Según estos criterios diagnósticos, el paciente aquejado de este trastorno sería, en principio, una persona normal que, de buenas a primeras, estalla a golpes con algún compañero de trabajo, su pareja o sus familiares, tras recibir alguna crítica o reproche por parte de éstos. Hay que diferenciar este trastorno del trastorno de personalidad antisocial, ya que, a diferencia de éste, el paciente afectado por el trastorno explosivo intermitente puede ser una persona sociable, con estrictas normas morales y una conducta de lo más adecuada, pero que en determinadas situaciones «pierde los nervios», sintiendo después culpa y remordimientos por su acción. El antisocial, en cambio, hace daño de una manera fría e intencionada, siguiendo únicamente sus intereses y no se preocupa por los daños que pueda ocasionar a los demás o si siente remordimientos, éstos son mínimos.

La mayoría de las personas han explotado alguna vez ante situaciones de estrés, en las que hayan podido verse sobrepasadas, y han tenido reacciones un poco agresivas. En el caso de las personas diagnosticadas de trastorno explosivo-intermitente, dichas reacciones serían más exageradas. No se conocen con exactitud los

PENSAMIENTOS INCONTROLABLES: EL MODELO DE LOS MECANISMOS TENSIONALES EN LA PSICOPATOLOGÍA HUMANA

motivos por los que una persona, en apariencia educada y sociable, podría reaccionar de esta manera. Dejando al margen ciertos factores biológicos que pudieran influir en una activación agresiva más rápida por parte de estos sujetos ante situaciones en las que se sienten amenazados, quizás sus reacciones ante esas situaciones sean mayores de lo que deberían porque su ira no sólo sería desencadenada por la situación actual, sino que sería consecuencia de frustraciones, injusticias y situaciones estresantes que la persona habría ido arrastrando a lo largo de su vida.

Se podría utilizar como ejemplo el caso hipotético de un trabajador cualquiera que estallase dando un puñetazo a su jefe simplemente porque éste le pide que trabaje unas horas extras esa semana. Sin duda, esa reacción parecería desproporcionada. En cambio, si se asume que esa situación podría ser solo la punta del iceberg o la gota que ha colmado el vaso, la valoración de su reacción sería distinta. Así, lo que habría «cargado» de tensión al sujeto no habría sido solo el tener que trabajar más horas de las que tenía pensado, sino que podría haber recibido hace unas semanas una demanda de divorcio por parte de su esposa, podría tener a su madre hospitalizada con cáncer, haber sufrido el robo de su coche hace un par de meses y, además, de pequeño, haber sido ridiculizado por sus compañeros en el colegio y enfrentarse a una educación demasiado estricta por parte de sus padres.

Un niño, al que reprenden cualquier expresión emocional y al que no paran de repetirle lo importante que es mostrarse educado y correcto ante los demás, podría acabar siendo un adulto tímido y reprimido. No sabría expresar su disconformidad y se dejaría «pisotear» por los demás, hasta que la tensión se haría inaguantable y, entonces, explotaría, aparentemente, «a la mínima». Su reacción agresiva sería excesiva porque

PENSAMIENTOS INCONTROLABLES: EL MODELO DE LOS MECANISMOS TENSIONALES EN LA PSICOPATOLOGÍA HUMANA

la tensión que habría ido aguantando, a lo largo de su historia personal, también sería excesiva. La mayoría de las personas protestan y se quejan cuando las cosas no les salen bien o alguien se porta de manera injusta con ellos, pero en el caso de los pacientes explosivo-intermitentes, debido a una infancia donde se les ha reprimido o sobreprotegido excesivamente, no serían capaces de expresar asertivamente su disconformidad y solo protestarían a modo de «explosión» cuando la tensión se habría hecho ya insoportable.

Además, en algunos casos en los que los individuos, al percibir su propio aumento de tensión, se esforzasen por reprimirlo y controlarlo, podrían tener lugar los fenómenos paradójicos de la evitación experiencial y la tensión aumentaría cada vez más. Así, por ejemplo, los individuos se dirían a sí mismos cosas como: «No quiero sentir esta tensión, no quiero volver a descontrolarme», pensamiento que contiene justamente los contenidos aversivos que pretenden evitarse: «*tensión*» y «*descontrolarme*». El análisis funcional y topográfico de un ejemplo de este trastorno podría ser el siguiente:

-ANTECEDENTE:

Una persona, que durante su infancia ha recibido una educación represiva y no ha sido capaz de responder asertivamente a las injusticias contra él, acumulando ira y frustraciones, se encuentra ahora ante una situación amenazante (discusión con sus familiares, crítica en el trabajo, etc.).

-RESPUESTA 1ª:

R. Cognitiva: «¡Ya están volviendo a tratarme mal, estoy harto!» (ira), «Toda la vida he permitido que me pisoteen» (frustración), «No quiero sentir esta tensión, no quiero volver a descontrolarme» (evitación).

R. Conductual: Se mantiene tensa y agitada.

R. Fisiológica: Tensión, activación agresiva.

-CONSECUENTE 1º:

La persona sufre.

-RESPUESTA 2ª:

R. Cognitiva: «¡No soporto esta tensión, le voy a golpear!».

R. Conductual: Golpea a alguien o destroza algo de manera furiosa.

R. Fisiológica: Liberación momentánea de la tensión y reducción del malestar.

-CONSECUENTE 2º:

La persona ha liberado su tensión (reforzamiento negativo), pero ha hecho algo de lo que se arrepiente.

PENSAMIENTOS INCONTROLABLES: EL MODELO DE LOS MECANISMOS TENSIONALES EN LA PSICOPATOLOGÍA HUMANA

-RESPUESTA 3ª:

R. Cognitiva: «No debería haberlo hecho, he perdido los nervios» (culpa), «La próxima vez tengo que controlarme» (evitación).

-CONSECUENTE 3º:

La persona se siente culpable y se esforzará por evitar estas conductas la próxima vez que surja la posibilidad de llevarlas a cabo, reanudándose todo el proceso descrito anteriormente.

PENSAMIENTOS INCONTROLABLES: EL MODELO DE LOS MECANISMOS TENSIONALES EN LA PSICOPATOLOGÍA HUMANA

BULIMIA

La bulimia se caracteriza, según el *DSM-IV-TR* (APA, 2002) y el *CIE-10* (OMS, 1992), por la presencia, al menos dos veces a la semana durante un período de tres meses, de atracones recurrentes y conductas compensatorias inapropiadas, de manera repetida, con el fin de no ganar peso, como son provocación del vómito, laxantes, diuréticos y enemas (bulimia de tipo purgativo) o ayuno y ejercicio intenso (bulimia de tipo no purgativo).

Una persona con bulimia (generalmente será una mujer, ya que la incidencia de este trastorno es mucho mayor en ellas) presentaría una intensa preocupación por el hecho de comer en exceso y engordar, por lo que se esforzaría por controlar el deseo de comer. Lo normal sería, basándose en los efectos paradójicos de la evitación experiencial, que ese control, lejos de suprimir sus pensamientos relacionados con la comida, no hiciese otra cosa que aumentarlos. Así, a medida que no fuese capaz de dejar de pensar en la comida, la persona se sentiría cada vez más culpable y tensa ante la posibilidad de acabar comiendo en exceso. Finalmente, la persona acabaría rindiéndose y comería cuanto se le apeteciese de manera compulsiva, liberando toda la tensión y el malestar que le estaría ocasionando el reprimir activamente dicha conducta.

Tras esta liberación momentánea de tensión, experimentaría una gran sensación de culpa por no haberse podido controlar y sentiría preocupación por engordar, lo que haría que volviese a sentirse ansiosa. Entonces, idearía alguna forma de evitar engordar para que su ansiedad disminuyese y la más sencilla, rápida y eficaz de ellas sería provocarse el vómito, introduciéndose los dedos en la garganta. También podría utilizar laxantes o

PENSAMIENTOS INCONTROLABLES: EL MODELO DE LOS MECANISMOS TENSIONALES EN LA PSICOPATOLOGÍA HUMANA

realizar duros ejercicios físicos. Sea cual sea la forma de purgarse de la persona bulímica (aunque la más común es provocarse el vómito), tras ello, disminuiría su miedo a engordar.

Cada vez que esta persona se encontrase ante la posibilidad de comer en exceso, aparecería otra vez la necesidad de controlarse, iniciándose de nuevo el ciclo.

Dentro de la anorexia, hay un subtipo denominado anorexia de tipo purgativo cuya explicación funcional podría ser similar a la bulimia. Así, en este subtipo de anorexia también se observan atracones compulsivos y purgas posteriores mediante vómito provocado, laxantes u otros métodos. La diferencia entre la bulimia y la anorexia de tipo purgativo radica en que en ésta última hay una pérdida de peso considerable y alarmante, mientras que en el caso de la bulimia la pérdida de peso es menos grave o inexistente. Es decir, una persona con anorexia del tipo purgativo consigue aguantar largos periodos sin comer nada (lo que le provoca una reducción considerable de peso), aunque al final acabe cayendo en el atracón. Por otro lado, la bulímica no tendría tanta «fuerza de voluntad» como para conseguir reducir su ingesta alimentaria.

En el otro subtipo de anorexia, conocido como anorexia de tipo restrictivo, las personas son capaces de reducir drásticamente su ingesta sin caer, ni siquiera puntualmente, en los mencionados atracones fortuitos. Por ello, el siguiente ejemplo de análisis funcional y topográfico sería representativo de un caso de bulimia y también podría valer para una persona anoréxica de tipo purgativo, pero no para una anoréxica del tipo restrictivo:

PENSAMIENTOS INCONTROLABLES: EL MODELO DE LOS MECANISMOS TENSIONALES EN LA PSICOPATOLOGÍA HUMANA

-ANTECEDENTE:

Una persona, preocupada por su físico, empieza a hacer dieta y a controlar su ingesta de alimentos, pero no es capaz de llevarla a cabo y se siente culpable cada vez que le surge la posibilidad de comer.

-RESPUESTA 1ª:

R. Cognitiva: «Tengo que controlarme o engordaré mucho» (miedo), «Tengo que evitar pensar en la comida» (evitación), «Quizás no pase nada si como un poco más» (ambivalencia), «¡Debería ser capaz de resistirme, no tengo fuerza de voluntad!» (culpa).

R. Conductual: Se mantiene tensa y agitada.

R. Fisiológica: Ansiedad.

-CONSECUENTE 1º:

La persona sufre.

-RESPUESTA 2ª:

R. Cognitiva: «No soporto esta tensión, me rindo».

R. Conductual: Come de manera compulsiva todo lo que encuentra a su alcance.

R. Fisiológica: Liberación de la tensión.

PENSAMIENTOS INCONTROLABLES: EL MODELO DE LOS MECANISMOS TENSIONALES EN LA PSICOPATOLOGÍA HUMANA

-CONSECUENTE 2º:

La persona ha reducido su ansiedad (reforzamiento negativo), pero se va a sentir mal ante la posibilidad de engordar.

-RESPUESTA 3ª:

R. Cognitiva: «No quiero engordar, vomitaré».

R. Conductual: Se provoca el vómito.

R. Fisiológica: Liberación de ansiedad.

-CONSECUENTE 3º:

La persona libera ansiedad, pero se sentirá culpable por el procedimiento que ha empleado para hacerlo (provocándose el vómito) y se esforzará por intentar controlar su ingesta de alimentos en el futuro, reanudándose todo el proceso descrito anteriormente.

PENSAMIENTOS INCONTROLABLES: EL MODELO DE LOS MECANISMOS TENSIONALES EN LA PSICOPATOLOGÍA HUMANA

DROGODEPENDENCIAS

Por drogodependencia a una sustancia se entiende, según el *DSM-IV-TR* (APA, 2002) y el *CIE-10* (OMS, 1992), aquel patrón desadaptativo de consumo de dicha sustancia que conlleva un deterioro o malestar clínicamente significativos (tolerancia progresiva a la sustancia, síndromes de abstinencia, esfuerzos infructuosos por controlar o interrumpir el consumo, reducción de importantes actividades sociales, laborales o recreativas, etc.), en algún momento de un período continuado de 12 meses.

Las causas que hacen que una persona empiece a tomar drogas pueden ser muy diversas e influyen multitud de factores predisponentes y precipitantes, como podrían ser problemas psicosociales, baja autoestima, ambientes marginales, curiosidad por experimentar nuevas sensaciones, situaciones estresantes, imitación de otros miembros del grupo, etc. Junto a estos factores predisponentes y precipitantes habría que mencionar los factores de mantenimiento, es decir, aquellos que harían que el problema siguiese avanzando. El principal factor de mantenimiento sería el deterioro de todos los aspectos de la vida del drogodependiente (economía, salud, relaciones personales, etc.) que le iría produciendo el consumo habitual de drogas. Además de este factor, las alteraciones bioquímicas que las drogas producen en los sistemas de neurotransmisión del cerebro tienen un papel fundamental en la futura aparición del síndrome de abstinencia.

Así, por ejemplo, la cocaína afecta a los niveles del neurotransmisor dopamina, que está implicado en las sensaciones de placer del organismo. Cuando alguien empieza a consumir cocaína, se produce un aumento de

PENSAMIENTOS INCONTROLABLES: EL MODELO DE LOS MECANISMOS TENSIONALES EN LA PSICOPATOLOGÍA HUMANA

dopamina en su organismo que hace que se sienta muy bien pero, a medida que sigue consumiendo, su cuerpo dejará de producir dopamina para contrarrestar el aumento que la droga produce. De esta manera, al cabo del tiempo, el organismo no será capaz de producir dopamina endógena y la única manera de experimentar sensaciones placenteras será a través de la dopamina externa procedente de la droga. Se dice por esto que los cocainómanos empiezan a tomar cocaína para «estar bien» y acaban teniéndolo que hacer para «dejar de estar mal».

Cuando un adicto a determinada sustancia no cuenta con ella, experimenta un montón de sensaciones desagradables (esto es lo que se conoce como mono o síndrome de abstinencia) debido al desequilibrio de su química cerebral, que sólo se restablece volviendo a consumir dicha sustancia. Estas alteraciones biológicas, que producen las drogas a largo plazo, podrían ser suficientes por sí solas para explicar la dependencia a ellas, pero eso no quiere decir que haya que dejar de lado el resto de factores psicológicos que se dan en las personas adictas a cualquier sustancia.

Por poner un ejemplo, se podría pensar en un padre de familia que es cocainómano y que, cada vez que se dispone a consumir, se encuentra ante sí con el dilema de hacerlo o no. Sabría que su conducta estaría dañando su vida familiar (pérdidas económicas, problemas de pareja, etc.), pero sentiría el deseo de volver a consumir para, por lo menos, sentirse bien a corto plazo. Ante esa situación, le asaltarían pensamientos de culpa del tipo «¿Qué pensarían mis hijos o mi mujer si me vieran?» o «No soy un buen padre», además de otros pensamientos de miedo como «No voy a ser capaz de controlarme» que, unidos a los de ambivalencia «Por una vez más no va a pasar nada», harían que la ansiedad aumentase hasta que la persona no sería capaz de resistir la tensión

PENSAMIENTOS INCONTROLABLES: EL MODELO DE LOS MECANISMOS TENSIONALES EN LA PSICOPATOLOGÍA HUMANA

y volvería a consumir para descargar dicha tensión a corto plazo (aunque a largo plazo su problema no haría más que empeorar).

La gran cantidad de drogas adictivas que existen en la actualidad y la heterogeneidad de sus consumidores (sin distinciones entre sexos o clases sociales) hacen difícil el elaborar un esquema explicativo general de estos problemas, pero sí que hay ciertos procesos a nivel funcional que se darían de forma común en todos ellos y que podrían ser, resumidamente, los siguientes:

-ANTECEDENTE:

Una persona comienza, por el motivo que sea, a consumir drogas y actualmente se encuentra ante la posibilidad de seguir haciéndolo o abandonar esa conducta.

-RESPUESTA 1ª:

R. Cognitiva: «Tengo que evitar pensar en las drogas, ya me han producido bastantes problemas» (evitación), «Seguro que vuelvo a consumir» (miedo), «No soy capaz de controlarme» (culpa), «Quizás no pase nada por hacerlo una vez más» (ambivalencia).

R. Conductual: Se mantiene tensa y agitada.

R. Fisiológica: Ansiedad.

-CONSECUENTE 1º:

La persona sufre.

PENSAMIENTOS INCONTROLABLES: EL MODELO DE LOS MECANISMOS TENSIONALES EN LA PSICOPATOLOGÍA HUMANA

-RESPUESTA 2ª:

R. Cognitiva: «No soporto esta tensión, me rindo».

R. Conductual: Vuelve a drogarse.

R. Fisiológica: Liberación momentánea de la tensión y reducción del malestar. Si además se encontraba bajo los efectos del síndrome de abstinencia, la tensión liberada será aún mayor.

-CONSECUENTE 2º:

La persona ha liberado su tensión a corto plazo (reforzamiento negativo), pero su problema sigue empeorando.

-RESPUESTA 3ª:

R. Cognitiva: «Soy un "enganchado", debería haberme controlado» (culpa).

R. Conductual: Se marcha afligida.

R. Fisiológica: Malestar.

-CONSECUENTE 3º:

La persona se siente culpable y se esforzará por evitar estas conductas la próxima vez que surja la posibilidad de llevarlas a cabo, reanudándose todo el proceso descrito anteriormente.

PENSAMIENTOS INCONTROLABLES: EL MODELO DE LOS MECANISMOS TENSIONALES EN LA PSICOPATOLOGÍA HUMANA

TRASTORNO OBSESIVO-COMPULSIVO

El trastorno obsesivo-compulsivo (TOC) está caracterizado, según el *DSM-IV-TR* (APA, 2002) y el *CIE-10* (OMS, 1992), por la presencia de obsesiones (pensamientos, impulsos o imágenes recurrentes y persistentes experimentadas como egodistónicos, es decir, como intrusos e inapropiados) y compulsiones (comportamientos o actos mentales de carácter repetitivo que el individuo se ve obligado a realizar para reducir el malestar provocado por las obsesiones).

Todo el mundo tiene preocupaciones, pero ¿por qué en algunas personas dichas preocupaciones se llegan a convertir en obsesiones? Una posible explicación sería que, mientras experimentaban una preocupación concreta, ciertas personas sentirían la necesidad de controlarla de algún modo y, en su desesperación, lo primero que se les ocurrió fue llevar a cabo cualquier conducta compulsiva (contar hasta 100, repetir una determinada palabra o cualquier otro ritual). La mayoría de ellos sabrían que sus conductas podían ser absurdas, pero, «por si acaso», las seguirían llevando a cabo, ya que no tendrían nada que perder por hacerlo y, si no lo hiciesen, pensarían que tal vez les podría ir mal y darse el suceso o situación que les preocupa. Si, tras llevar a cabo el ritual compulsivo, no sucediese el hecho que la persona temía, pensaría que la ha evitado gracias a dicho ritual.

A veces, cuando las personas intentasen resistirse a llevar a cabo las conductas compulsivas y se esforzasen por controlar las obsesiones previas, podría entrar en juego el fenómeno paradójico de la evitación experiencial. Así, cuando la persona se esforzase por controlar o evitar el contenido X que constituyese el núcleo de su obsesión, irremediablemente acabaría contactan-

PENSAMIENTOS INCONTROLABLES: EL MODELO DE LOS MECANISMOS TENSIONALES EN LA PSICOPATOLOGÍA HUMANA

do con dicho contenido X, por lo que la tensión iría aumentando hasta que la persona se rendiría y llevaría a cabo la conducta compulsiva para reducirla.

Es cierto que se ha explicado únicamente por qué se dan las compulsiones, pero no por qué aparecen las obsesiones que las preceden. Para ello, y dejando a un lado posibles factores predisponentes de tipo biológico, habría que buscar en la infancia de cada individuo. Los padres que continuamente advierten a sus hijos sobre los peligros del mundo, criarán hijos miedosos y que se preocuparán con facilidad. Además, los ambientes familiares conflictivos, en los que un día los cónyuges están «de buenas» y al otro día «se tiran los trastos a la cabeza», podrían hacer que el niño apreciase su red afectiva como inestable y se volviese una persona muy insegura. Por otro lado, una educación demasiado estricta podría hacer que el niño se volviese excesivamente responsable, no sólo de sus actos, sino responsable hasta de sus pensamientos. Este cóctel de miedo, inestabilidad y excesiva responsabilidad harían, junto a otros factores precipitantes (situaciones traumáticas o estresantes, etc.), que apareciese el trastorno obsesivo-compulsivo.

Un TOC bastante común es aquel en el que las obsesiones hacen referencia a ideas de contaminación o contagio y las compulsiones consisten en un lavado excesivo de las manos. El análisis funcional de este tipo de TOC, basándonos en todo lo expuesto anteriormente, podría ser el siguiente:

-ANTECEDENTE:

Una persona, que ha sido criada temerosa e insegura por sus padres, empieza a tener mucho cuidado en su higiene personal y decide que, para librarse de los microbios, se lavará las manos 20 veces antes de comer.

-RESPUESTA 1ª:

R. Cognitiva: «No quiero contagiarme, (miedo) aunque quizás esté siendo demasiado temeroso» (culpa), «No debería pensar tanto en los gérmenes (evitación), pero es importante estar limpio» (ambivalencia).

R. Conductual: Se mantiene tensa y agitada.

R. Fisiológica: Ansiedad.

-CONSECUENTE 1º:

La persona sufre.

-RESPUESTA 2ª:

R. Cognitiva: «No soporto esta tensión, me lavaré las manos 20 veces para asegurarme de que están bien limpias».

R. Conductual: Se lava las manos 20 veces.

R. Fisiológica: Liberación momentánea de la tensión y reducción del malestar.

-CONSECUENTE 2º:

La persona ha liberado su tensión (reforzamiento negativo).

-RESPUESTA 3ª:

R. Cognitiva: «Me ha vuelto a pasar, debería haberme controlado (culpa), la próxima vez no me las lavaré tantas veces (evitación)».

R. Conductual: Se marcha afligida.

R. Fisiológica: Malestar.

-CONSECUENTE 3º:

La persona se siente culpable y se esforzará por evitar estas conductas la próxima vez que surja la posibilidad de llevarlas a cabo, reanudándose todo el proceso descrito anteriormente.

PENSAMIENTOS INCONTROLABLES: EL MODELO DE LOS MECANISMOS TENSIONALES EN LA PSICOPATOLOGÍA HUMANA

ANSIEDAD GENERALIZADA

La ansiedad generalizada se caracteriza, según el *DSM-IV-TR* (APA, 2002) y el *CIE-10* (OMS, 1992), por la presencia de ansiedad y preocupación excesiva (expectación aprensiva) sobre una amplia gama de acontecimientos o actividades que se prolongan más de seis meses.

Todas las personas se sienten a veces preocupadas por asuntos de trabajo o por el estado de sus familiares, pero, a diferencia de lo que ocurre en la ansiedad generalizada, suelen ser estados pasajeros y no un patrón general de respuesta ante la mayoría de las situaciones que plantea la vida cotidiana. Una persona con ansiedad generalizada se podría preocupar, al mismo tiempo, por sacar buenas notas en los exámenes, por caer bien a todo el mundo, por la salud de sus padres y hasta por la posibilidad de que se produjese una inundación si es que llueve mucho. Si va en coche, se preocuparía por la posibilidad de sufrir un accidente; si comete algún error en su trabajo, se podría preocupar por la posibilidad de que lo despidan, etc. Además de la gran cantidad de preocupaciones que se darían en estas personas, la principal diferencia con respecto a las personas que no sufren este trastorno sería el grado de intensidad de esas preocupaciones. Así, aparecerían síntomas característicos como aceleración del pulso, sudoración, opresión en el pecho, agitación y molestias gastrointestinales.

Pero, ¿qué es lo que hace que algunas personas estén continuamente preocupándose por todo? Como siempre, habría que buscar los factores predisponentes y precipitantes en la educación recibida por esas personas durante su infancia y estudiar los acontecimientos vitales que han podido ser transcendentes a lo largo de su

PENSAMIENTOS INCONTROLABLES: EL MODELO DE LOS MECANISMOS TENSIONALES EN LA PSICOPATOLOGÍA HUMANA

desarrollo y que han podido ir reforzando los contextos de fusión/literalidad, de dar razones, de evaluación/valoración y de control/evitación que favorecen la evitación experiencial. El principal de estos factores podría ser un ambiente sobreprotector en exceso, donde el intento exagerado por los padres de mantener seguros a sus hijos haría que éstos se desarrollasen de manera insegura. El hecho de que los padres intenten que el ambiente de sus hijos sea totalmente seguro podría hacer que los niños no desarrollasen adecuadamente su autonomía y que, de adultos, no contasen con los suficientes recursos para hacer frente a las incertidumbres de la vida. Por ello, sería importante enseñar a los niños a defenderse por sí mismos para que en la edad adulta no «les viniese grande» cualquier cosa.

Por otro lado, los padres que continuamente están advirtiendo a sus hijos sobre los peligros y maldades de la vida podrían acabar inculcando ese miedo a los niños. De esta manera, advertencias del tipo: «No corras, que te caerás», «No cruces la calle sin mirar o te atropellará un coche» o «No hables con desconocidos, podrían hacerte algo malo», harían que el niño tuviese una concepción del mundo como un lugar potencialmente peligroso. Así, bajo estas circunstancias, para estas personas sería inevitable preocuparse y harían todo lo posible por intentar mantener su vida bajo control.

Por ejemplo, ante el retraso de un ser querido (pareja, hijo, etc.) que no llega a la hora que tenía programada, estas personas, cuando perciben cierta ansiedad, podrían empezar a decirse a sí mismas cosas como: «Voy a intentar no pensar que *le ha ocurrido algo malo*», «Tengo que dejar de preocuparme o *me voy a volver loco*», etc. Debido a los efectos paradójicos de la evitación experiencial, justamente lo que aparecería en su mente sería «*le ha ocurrido algo malo*» y «*me voy a volver loco*», enunciados que harían que su ansiedad aumentase. Además, podría surgir la ambivalencia entre la necesidad de dejar de preocuparse para no sufrir tanto y la idea de que preocuparse es su responsabilidad y su deber. Ya se ha sugerido en la explicación de trastornos anteriores cómo el hecho de tener que elegir entre dos o más opciones haría que el organismo se activase fisiológicamente y experimentase más ansiedad.

De esta manera, el análisis funcional y topográfico del episodio de ansiedad generalizada expuesto en el ejemplo anterior podría ser el siguiente:

-ANTECEDENTE:

Una persona, que se ha criado temerosa debido a una excesiva sobreprotección o a un ambiente familiar inseguro o inestable, se encuentra ante la situación de un familiar que se retrasa.

-RESPUESTA:

R. Cognitiva: «Voy a intentar no pensar que le ha ocurrido algo malo» (evitación), «Tengo que dejar de preocuparme o me voy a volver loco» (miedo), «No quiero preocuparme, pero si amo a mi familia es mi deber hacerlo» (ambivalencia).

R. Conductual: Se mantiene tensa y agitada.

R. Fisiológica: Ansiedad.

-CONSECUENTE:

La persona sufre.

PENSAMIENTOS INCONTROLABLES: EL MODELO DE LOS MECANISMOS TENSIONALES EN LA PSICOPATOLOGÍA HUMANA

TRASTORNO DE PÁNICO O DE ANGUSTIA

Según el *DSM-IV-TR* (APA, 2002) y el *CIE-10* (OMS, 1992), el trastorno de angustia se caracteriza por la presencia de crisis de angustia inesperadas recidivantes con la presencia de inquietud persistente ante la posibilidad de tener más crisis, preocupación por las implicaciones de la crisis o sus consecuencias (por ejemplo, perder el control, sufrir un infarto de miocardio o «volverse loco») y cambio significativo del comportamiento relacionado con las crisis. Asimismo, el trastorno de angustia puede diagnosticarse con agorafobia (ansiedad asociada a determinados lugares tales como espacios abiertos, espacios públicos, etc.) o sin ella.

Al igual que sucedería en la ansiedad generalizada, un factor predisponente importante en el trastorno de angustia podría ser la presencia de padres sobreprotectores. Si se advierte continuamente a los niños sobre los peligros del mundo, se les prohíbe ir a jugar solos a la calle o se les prohíbe participar en determinados deportes por miedo a que se hagan daño, es muy probable que crezcan miedosos e inseguros. Esta inseguridad podría potenciar el contexto de evaluación/valoración y hacer que se preocupasen mucho por sus sensaciones, prestando mucha atención a su propio cuerpo y a querer tenerlo todo bajo control.

Así, cuando una persona insegura observa alguna pequeña variación a nivel de sus patrones fisiológicos (un pequeño mareo, cansancio, aceleración del pulso, sudoración, tos, etc.) podría focalizar su atención sobre esas sensaciones y empezar a ser más consciente aún de ellas, sintiéndose entonces ansioso. En el trastorno de pánico también se daría la paradoja de que a medida

PENSAMIENTOS INCONTROLABLES: EL MODELO DE LOS MECANISMOS TENSIONALES EN LA PSICOPATOLOGÍA HUMANA

que la persona intentase controlar su ansiedad, más aumentaría esta.

Cuanto más atención le prestase la persona a sus sensaciones fisiológicas, más intensamente las percibiría y mayor sería la angustia que experimentaría. Además, empezaría a pensar cosas como: «Me voy a desmayar», o «Voy a sufrir un ataque». Estos pensamientos, a su vez, harían que la ansiedad siguiese aumentando como si fuese una bola de nieve que crece a medida que avanza, sumiendo a la persona en un círculo vicioso sin escapatoria. El esquema correspondiente a este círculo vicioso que se daría en el trastorno de pánico sería el siguiente:

-ANTECEDENTE:

Una persona insegura y temerosa que repentinamente se encuentra un poco mareada o ansiosa debido al estrés o a cualquier circunstancia personal.

-RESPUESTA:

R. Cognitiva: «Tal vez me quede sin respiración o sufra un desmayo» (miedo), «Tengo que controlar estas sensaciones y hacer que desaparezcan» (evitación).

R. Conductual: Focaliza su atención en sus sensaciones.

R. Fisiológica: Ansiedad.

-CONSECUENTE:

La persona es aún más consciente de sus sensaciones y sufre.

PENSAMIENTOS INCONTROLABLES: EL MODELO DE LOS MECANISMOS TENSIONALES EN LA PSICOPATOLOGÍA HUMANA

TRASTORNOS DEPRESIVOS

Antes de comenzar este capítulo, habría que señalar que los sistemas de clasificación, como el *DSM-IV-TR* y el *CIE-10*, establecen distintas clasificaciones de la depresión según criterios de duración, frecuencia, intensidad y etiología de los síntomas (APA, 2002 y OMS, 1992). El análisis de la totalidad de los trastornos del espectro depresivo excede los objetivos de este libro, por lo que cuando se hable de depresión a lo largo de este capítulo, se estará haciendo referencia, aún asumiéndose el riesgo de caer en cierta ambigüedad, a aquel estado anímico lo suficientemente bajo como para interferir en el funcionamiento normal del individuo que lo padece. Este estado anímico bajo implicaría síntomas como desgana, desesperanza, falta de placer con actividades que antes le resultaban agradables, baja autoestima, pensamientos negativos con respecto a sí mismo y su futuro, etc.

Cualquier persona que se siente triste o desganada en algún momento de su vida no tiene por qué estar pasando por una depresión clínica. El estar anímicamente mal de vez en cuando es una consecuencia inevitable de la existencia. En cambio, cuando alguien sufre una auténtica depresión, los efectos son tales que la persona experimenta una gran dificultad para seguir con su vida cotidiana.

Las causas de esta patología son múltiples y variadas. Podría haber una predisposición genética, es decir, una base biológica, ya que estudios de depresión en gemelos como los llevados a cabo por Bertelsen (1977) y Kendler (1992) muestran una probabilidad del 40-67 % de que el hermano gemelo de un paciente depresivo sufra también de depresión. Esta elevada concordancia no significa que el hecho de que un

PENSAMIENTOS INCONTROLABLES: EL MODELO DE LOS MECANISMOS TENSIONALES EN LA PSICOPATOLOGÍA HUMANA

paciente sufra depresión esté completamente determinado por sus genes. Significa que podría haber una predisposición a padecer dicho trastorno, pero el hecho de que finalmente se acabe manifestando va a depender de la interacción entre dicha predisposición genética y los acontecimientos vitales de la persona (estilos de crianza, amor recibido, experiencias traumáticas, conflictos durante la adolescencia, etc.). El hecho de que un paciente depresivo tenga padres, hermanos, tíos o abuelos también depresivos puede deberse, sin duda, a una predisposición genética, pero también a la propia historia familiar. Si, por poner un ejemplo, su abuela sufrió de joven una gran depresión, el estado anímico de su abuelo, al estar casado con una señora deprimida, tampoco sería muy positivo. Los hijos de este matrimonio crecerían en un ambiente familiar triste y deprimente y sus padres les trasmitirían una concepción de la vida muy negativa. Sería muy probable que algunos de ellos desarrollaran también depresión y, así, este trastorno se iría transmitiendo de generación en generación, en parte a través de los genes y en parte a través de la interacción de padres e hijos y su influencia sobre ellos.

En muchos casos, la depresión presenta comorbilidad con otro trastorno psicológico como puede ser un trastorno obsesivo-compulsivo (TOC), un trastorno del control de los impulsos (analizados anteriormente) o un trastorno de ansiedad. Ya se ha visto, en estos trastornos, cómo hay eventos privados desagradables que las personas tratan de evitar y mantener bajo control y, como ya se ha puesto de manifiesto, el intento de controlarlos hace que paradójicamente aumenten. Así, las personas que se encuentran bajo esta dinámica se sentirán, a nivel anímico, cada vez peor.

En otros muchos casos en los que la depresión no muestra comorbilidad con otro trastorno psicológico,

PENSAMIENTOS INCONTROLABLES: EL MODELO DE LOS MECANISMOS TENSIONALES EN LA PSICOPATOLOGÍA HUMANA

también se podrían estar dando los efectos paradójicos de la evitación. Así, por poner un ejemplo, se puede imaginar el caso de una mujer que se encontrase deprimida porque su novio la ha dejado y que tuviese pensamientos evitativos del tipo: «No voy a *pensar más en él*», «Tengo que olvidar a *mi novio*», «No quiero *echarlo de menos*», etc. Paradójicamente, esta persona lo que estaría haciendo es «*pensar más en él*», «*echarlo de menos*» y tener continuamente a su novio en la mente.

En otros casos, los pensamientos que se repiten podrían ser el reflejo de una baja autoestima por parte de las personas y serían algo así como: «No quiero pensar en que *no tengo amigos*», «Me gustaría estar menos *gordo*», «No me quiero comparar con él, porque *a él le va todo mejor que a mi*», etc. De esta manera, lo que aparecería en la mente de estas personas sería «*no tengo amigos*», «*gordo*» y «*a él le va todo mejor que a mi*».

El hecho de que en la depresión también se puedan dar los procesos paradójicos resultantes de la evitación (pensar más en lo que se pretendía evitar) no quiere decir que todos los pensamientos negativos que se den en este trastorno vengan como consecuencia de la evitación experiencial, sino que, la mayoría de las veces, la persona podría pensar directamente «No valgo nada», «Mi vida es un fracaso», etc. Así, cuando la persona tuviese directamente esos pensamientos negativos, se sentiría mal, pero cuando se esforzase por no tenerlos, también seguiría sintiéndose mal (debido al efecto paradójico) y eso es lo que se pretende dejar claro aquí. Además, en las depresiones graves se daría un círculo vicioso particular en el que la persona utilizaría el hecho de estar deprimida como excusa para seguir estándolo. Por ejemplo, un paciente depresivo podría pensar cosas como: «Quisiera recuperarme y seguir con mi vida normal, pero ¿cómo voy hacerlo si he llegado a pensar incluso en el suicidio?», «¿Cómo voy a estar bien si hasta he perdido mi trabajo y mis amigos a causa de la depresión?» o «Ya estoy demasiado mal, sino no iría al psicólogo ni al psiquiatra». El paciente entraría así en una espiral negativa en la que no encontraría salida.

Un ejemplo de un caso donde, a nivel funcional, se den algunos de los procesos descritos anteriormente podría ser el siguiente:

-ANTECEDENTE:

Una persona que ha roto recientemente con su pareja.

-RESPUESTA 1ª:

R. Cognitiva: «No voy a pensar más en él/ella, tengo que olvidarlo/la, no quiero echarlo/la de menos (evitación)», «Tal vez, si yo me hubiese portado de otra forma, todavía estaríamos juntos» (culpa).

R. Fisiológica: Malestar.

-CONSECUENTE 1º:

La persona sufre.

-RESPUESTA 2ª:

R. Cognitiva: «Quisiera recuperarme y seguir con mi vida normal, pero ¿cómo voy hacerlo si he llegado a

PENSAMIENTOS INCONTROLABLES: EL MODELO DE LOS MECANISMOS TENSIONALES EN LA PSICOPATOLOGÍA HUMANA

pensar incluso en el suicidio?», «¿Cómo voy a estar bien si hasta he perdido mi trabajo y mis amigos a causa de la depresión?», «Ya estoy demasiado mal, sino no iría al psicólogo ni al psiquiatra».

R. Fisiológica: Malestar.

-CONSECUENTE 2º:

La persona sigue sufriendo.

PARAFILIAS SEXUALES

Por parafilia sexual se entiende aquel comportamiento sexual desviado de la conducta sexual normal en el ser humano. Según el *DSM-IV-TR* (APA, 2002) y el *CIE-10* (OMS, 1992), para que un sujeto sea diagnosticado de parafilia debe presentar, durante un período de al menos seis meses, fantasías sexuales recurrentes y altamente excitantes e impulsos sexuales o comportamientos sexuales ligado a un determinado estímulo parafílico (dependiendo de la parafilia de la que se trate). Además, estas fantasías, impulsos o comportamientos deben provocar un malestar clínicamente significativo o deterioro social, laboral o de otras áreas importantes de la actividad del individuo.

A pesar de que los sistemas de clasificación describen las obsesiones y compulsiones propias del TOC como egodistónicas y las fantasías sexuales de las parafilias como placenteras, podría ser que esta distinción no estuviese tan clara (Jiménez Díaz, 2012). Al igual que las compulsiones del TOC permitirían a la persona disminuir el malestar producido por las obsesiones (como ya se ha visto en el capítulo dedicado a este trastorno), las fantasías podrían permitir eliminar el malestar producido por pensamientos de índole sexual que también podrían tener un carácter marcadamente obsesivo.

Siguiendo con la línea explicativa expuesta a lo largo de este libro, la persona que padece una parafilia podría sentirse, en un principio, atormentada o angustiada moralmente por sus pensamientos y, posteriormente, sentir un gran placer al aceptarlos mediante alguna fantasía. Según esto, la cuestión a la que habría que hacer frente es el por qué ciertas personas empezarían a experimentar algún tipo de activación desagradable an-

PENSAMIENTOS INCONTROLABLES: EL MODELO DE LOS MECANISMOS TENSIONALES EN LA PSICOPATOLOGÍA HUMANA

te la presencia de ciertos estímulos. Para ello, habría que tener en cuenta, como factor predisponente, la gran plasticidad y flexibilidad de los seres humanos a la hora de buscar alternativas con la que satisfacer necesidades, entre ellas las sexuales. La mayoría de los hombres se sienten atraídos por las mujeres, pero saben que podrían experimentar placer sexual, además de introduciendo su pene en una vagina, introduciéndolo en un ano (de mujer o de hombre), en su propia mano (masturbación), en la vagina de una niña pequeña (pedofilia), en la de una anciana (gerontofilia) o en la de un animal (zoofilia). La inteligencia humana permitiría al hombre descubrir y plantearse muchas posibilidades sexuales y, aunque algunas de ellas podrían ser consideradas repugnantes o inmorales, todas ellas podrían proporcionar placer. Bastaría con que esa plasticidad interaccionase con otro factor predisponente como, por ejemplo, la escasez de compañeros/as sexuales adecuados en su entorno o de las habilidades sociales necesarias para propiciar una interacción sexual.

Se podría exponer el caso hipotético de una persona que, debido a unos padres sobreprotectores, hubiese crecido tímida y con escasas habilidades sociales. Le costaría mucho hacer amigos y se sentiría insegura y con poca autoestima. Cuando alcanzase la adolescencia y comenzase su despertar hormonal, se sentiría atraída sexualmente por personas de su edad, pero jamás se le ocurriría plantearles una posible interacción por ser demasiado tímida para ello. Algunos compañeros de su grupo de iguales podrían contar sus primeros escarceos sexuales y esta persona podría sentirse inferior y acomplejada con respecto a ellos. Podría agobiarse y pensar que jamás tendría pareja debido a su escasez de habilidades sociales y que su única experiencia sexual sería la masturbación.

Ante este panorama, esta persona, ávida de tener

PENSAMIENTOS INCONTROLABLES: EL MODELO DE LOS MECANISMOS TENSIONALES EN LA PSICOPATOLOGÍA HUMANA

alguna experiencia sexual, podría valorar la posibilidad de interaccionar sexualmente con algún objetivo sexual más asequible. Así, por ejemplo, las niñas pequeñas son más asequibles (debido a su inocencia y vulnerabilidad), para un individuo con escasas habilidades sociales o baja autoestima, que las chicas de su edad. En el caso de la zoofilia (atracción sexual por animales) habría que tener en cuenta que, en algunas zonas rurales, los animales (cabras, vacas, etc.) son bastante más asequibles que las mujeres. Para un individuo con baja autoestima y con inseguridad personal suele ser más fácil rozarse con las chicas cuando va en autobús (froteurismo), enseñar sus genitales a las ancianas del parque (exhibicionismo), robar bragas (fetichismo) o espiar a su vecina cuando sale de la ducha (vouyerismo), que salir a buscar una chica con la que mantener relaciones sexuales.

La baja autoestima podría predisponer a las personas para orientarse hacia formas de sexo inadecuadas y dicha orientación sexual inadecuada podría hacer a su vez que la autoestima fuese cada vez menor, originándose una especie de círculo vicioso.

Además, se tendrían que tener en cuenta los rasgos de personalidad de las personas. Durante la adolescencia sería normal que los jóvenes barajasen muchas posibilidades para experimentar con su sexualidad y que desechasen aquellas que pudieran acarrearles futuros conflictos morales, pero habría individuos inseguros que, aunque en un principio también rechazarían esas posibilidades, se podrían sentir tan culpables como si realmente las hubiesen llevado a cabo. Catalogarían sus pensamientos como inmorales, se sentirían culpables, intentarían controlarlos y evitarlos y acabarían obsesionándose con ellos, desencadenándose los perjudiciales efectos paradójicos de la evitación experiencial.

PENSAMIENTOS INCONTROLABLES: EL MODELO DE LOS MECANISMOS TENSIONALES EN LA PSICOPATOLOGÍA HUMANA

Posteriormente, podría darse el mismo fenómeno de descarga de tensión que se ha descrito en los trastornos expuestos anteriormente. Es decir, cuando las personas experimentasen que sus intentos de control o evitación del contenido mental relacionado con los estímulos parafílicos no solo no dan resultado sino que hacen que este contenido se vuelva aún más insidioso, podrían acabar rindiéndose a ellos para descargar toda la tensión desagradable acumulada por los intentos de represión.

Esta rendición podría ser inicialmente a nivel mental, a modo de fantasías sexuales, pero, con el tiempo, la persona podría acabar experimentando contactos reales con los estímulos parafílicos.

Esta descarga placentera de tensión, unida al propio placer físico que implica cualquier práctica sexual (por inmoral o inadecuada que sea) haría que la persona acabase asociando el placer sexual con los estímulos parafílicos. Además, si se esforzase por disfrutar con relaciones sexuales normalizadas es probable que estas le resultasen menos placenteras que las conductas parafílicas debido a que las llevaría a cabo con la sensación, poco agradable, de que es una obligación.

El análisis funcional común a las parafilias podría ser el siguiente:

-ANTECEDENTE:

Una persona valora la posibilidad de mantener algún contacto con un estímulo u objeto parafílico debido a que es más asequible que una relación sexual normalizada.

PENSAMIENTOS INCONTROLABLES: EL MODELO DE LOS MECANISMOS TENSIONALES EN LA PSICOPATOLOGÍA HUMANA

-RESPUESTA 1ª:

R. Cognitiva: «Tengo que intentar no pensar en esto» (evitación), «Quizás si no se entera nadie tampoco es tan grave» (ambivalencia), «Soy un pervertido por pensar así» (culpa), «Seguro que acabo cayendo en la tentación» (miedo).

R. Conductual: Se mantiene tensa y agitada.

R. Fisiológica: Ansiedad.

-CONSECUENTE 1º:

La persona sufre.

-RESPUESTA 2ª:

R. Cognitiva: «No soporto esta tensión, me rindo».

R. Conductual: Se masturba fantaseando con el estímulo u objeto parafílico o lleva a cabo un contacto sexual real con dicho estímulo u objeto parafílico.

R. Fisiológica: Liberación momentánea de la tensión y reducción del malestar.

-CONSECUENTE 2º:

La persona ha liberado su tensión (reforzamiento negativo), pero ha llevado a cabo la conducta que pretendía evitar.

-RESPUESTA 3ª:

R. Cognitiva: Me ha vuelto a pasar, debería haberme controlado (culpa).

R. Fisiológica: Malestar.

-CONSECUENTE 3º:

La persona se siente culpable y se esforzará por evitar estas conductas la próxima vez que surja la posibilidad de llevarlas a cabo, reanudándose todo el proceso descrito anteriormente.

PENSAMIENTOS INCONTROLABLES: EL MODELO DE LOS MECANISMOS TENSIONALES EN LA PSICOPATOLOGÍA HUMANA

HOMOSEXUALIDAD EGODISTÓNICA

La homosexualidad hace referencia a la orientación sexual hacia personas del mismo sexo. Hace ya bastante tiempo que la homosexualidad dejó de considerarse un trastorno, pero todavía existen numerosos casos de pacientes que acuden a terapia atormentados por sus inclinaciones homosexuales. Es lo que se conoce como homosexualidad egodistónica, que no es otra cosa que la homosexualidad cuya no aceptación produce malestar y sufrimiento psicológico.

Tradicionalmente, se han diferenciado dos tipos de explicaciones al fenómeno de la homosexualidad. La primera de ellas es la de los autores que consideran la homosexualidad como el resultado de experiencias sexuales tempranas, incorrecta identificación con los roles propios de su sexo y complejo de inferioridad con respecto a los otros individuos de su sexo. La otra explicación es la de los investigadores que consideran la homosexualidad como una alteración biológica (déficit hormonal, anomalías genético-neurológicas, etc.). Ambas hipótesis podrían quedarse, por sí solas, cortas para explicar la complejidad de la orientación homosexual.

Si se revisan los experimentos e investigaciones llevadas a cabo sobre el tema, es fácil percatarse de que la mayoría de datos son contradictorios y no son suficientes para ofrecer una explicación definitiva. Kallman (1952), Bailey y Pillard (1991) o Hamer (1993) han llevado a cabo investigaciones con gemelos y no pudieron demostrar que la homosexualidad fuese genética. Es decir, aunque muchos de los gemelos que participaron en las investigaciones eran ambos homosexuales, había otros casos en los que solo un hermano era homosexual y el otro no. Siguiendo con

PENSAMIENTOS INCONTROLABLES: EL MODELO DE LOS MECANISMOS TENSIONALES EN LA PSICOPATOLOGÍA HUMANA

las investigaciones genéticas, un estudio (Hamer, Hu, Magnuson y Pattatucci, 1993) puso de manifiesto que existía una región del cromosoma X (región Xq 28) que contenía cinco marcadores moleculares presentes en 33 de los 40 pares de hermanos homosexuales que se estudiaron. De todas formas, no se saben que proteínas codifican los genes encontrados en dicho estudio ni cuál es su función. Podrían estar relacionados con la producción de hormonas o con la recepción de éstas.

En cualquier caso, tampoco ha sido posible explicar la orientación homosexual en base a niveles hormonales. Así, hay varias patologías que pueden hacer que las mujeres se vean expuestas a hormonas masculinas y otras enfermedades que hacen que los hombres no produzcan las suficientes hormonas (Jiménez Díaz, 2012), pero las personas que padecen dichos trastornos no son necesariamente homosexuales. Las mujeres y hombres con esos trastornos pueden presentar graves alteraciones anatómicas tales como fusión de los labios vaginales, clítoris de gran tamaño, aspecto intersexual o amenorrea, en el caso de las mujeres, y micropene o ginecomastia, en el caso de los hombres. Pero las personas homosexuales no suelen presentar, por lo general, este tipo de anomalías y sus cuerpos son completamente normales.

Se podría aceptar que los genes desempeñasen algún papel en la orientación homosexual, al igual que influyen en otros aspectos de la conducta humana, pero no se puede hablar de determinismo genético ni de una causa exclusivamente biológica. Habría multitud de factores de aprendizaje, ambientales o contextuales que deberían ser tenidos en cuenta. Así, niños que hubiesen crecido rodeados de hermanas podrían adoptar gestos afeminados y ser objeto de burlas en el colegio o en la calle por parte de otros niños. Estos niños podrían tener dudas sobre su masculinidad. Además, aquellos niños

PENSAMIENTOS INCONTROLABLES: EL MODELO DE LOS MECANISMOS TENSIONALES EN LA PSICOPATOLOGÍA HUMANA

con padres distantes o ausentes podrían no sentirse demasiado identificados con las figuras masculinas y, al llegar a la adolescencia, podrían no sentirse lo suficientemente masculinos. Por otro lado, los chicos que no tienen suficientes capacidades atléticas y que no destacan en los juegos deportivos podrían desarrollar cierto complejo de inferioridad y envidiar a sus compañeros. Si, además, su físico no es el que ellos esperarían (son menos altos, menos fuertes que los demás o tienen obesidad) podrían obsesionarse con el físico y la musculatura bien formada de los chicos más populares de su entorno. Esa envidia podría ser confundida con atracción sexual debido a la gran erotización del organismo a esas edades (ocasionada por el despertar hormonal).

De igual forma, las niñas que de pequeñas han preferido practicar deportes o juegos típicamente masculinos en vez de jugar a las muñecas o que no han tenido una relación muy estrecha con su madre, podrían experimentar dificultades para identificarse con los roles femeninos. Además, si al llegar a la adolescencia observan que su cuerpo es distinto al de sus compañeras (no les ha crecido lo suficiente el pecho, ni se les han ensanchado las caderas o presentan sobrepeso), podrían envidiarlas y confundir esa envidia con atracción.

Tanto en el caso de los chicos como en el de las chicas, esta supuesta primera atracción comenzaría con pensamientos e imágenes aisladas, pero, a medida que la persona les va prestando más atención podrían ir haciéndose más insidiosos. Este contenido mental podría ser catalogado por la persona como inmoral o inadecuado, iniciándose la evitación experiencial con el correspondiente aumento paradójico de dicho contenido. Así, la persona podría decirse a sí misma cosas como: «No quiero pensar que *me atraen las personas de mi sexo*» o «No quiero *convertirme en homosexual*»,

PENSAMIENTOS INCONTROLABLES: EL MODELO DE LOS MECANISMOS TENSIONALES EN LA PSICOPATOLOGÍA HUMANA

pero tales enunciados contienen justamente los contenidos que pretendía evitar «*me atraen las personas de mi sexo*» y «*convertirme en homosexual*».

Del mismo modo, cada vez que se cruce con alguien de su propio sexo que sea atractivo, la persona podría autoexaminarse e intentar asegurarse de que esa persona no le resulta atractiva. Como, con independencia de la orientación sexual concreta, cualquier persona es capaz de percibir y valorar la belleza en personas atractivas de su propio sexo, los intentos de esta persona por no percibir tal belleza serán infructuosos. Su capacidad (completamente normal) para percibir la belleza en otros individuos de su sexo sería evaluada como verdadera atracción, pudiendo desencadenar tensión angustiosa en la persona.

En otros casos, la evitación experiencial podría desencadenarse tras experiencias sexuales tempranas entre personas del mismo sexo durante la infancia o adolescencia. Tras llevar a cabo tales experiencias, los individuos podrían sentirse culpables e iniciar los procesos de evitación o control de recuerdos, sensaciones asociadas, etc.

En este punto, la persona podría aceptar momentáneamente ese contenido mental masturbándose usando una fantasía homosexual o llevando a cabo algún contacto homosexual real de forma esporádica para intentar descargar la tensión acumulada por los procesos de evitación experiencial previa. Tras esta breve aceptación parcial e impulsiva, la persona podría sentirse más culpable aún y reanudar nuevamente los procesos de evitación, metiéndose de lleno en los círculos viciosos expuestos en los trastornos descritos anteriormente, desencadenándose la homosexualidad egodistónica.

Este círculo vicioso propio de la homosexualidad egodistónica podría ser similar al que se expone en el siguiente análisis funcional:

-ANTECEDENTE:

Una persona se sensibiliza a nivel de atracción erótica hacia los individuos de su sexo debido a experiencias sexuales tempranas o a complejos de inferioridad con respecto a ellos.

-RESPUESTA 1ª:

R. Cognitiva: «Tengo que intentar no pensar que me atraen las personas de mi propio sexo» (evitación), «Si me preocupo es porque en el fondo me gustan» (culpa), «Me convertiré en homosexual» (miedo).

R. Conductual: Se mantiene tensa y agitada.

R. Fisiológica: Ansiedad.

-CONSECUENTE 1º:

La persona sufre.

-RESPUESTA 2ª:

R. Cognitiva: «No soporto esta tensión, me rindo».

R. Conductual: Se masturba con fantasías homosexuales o mantiene un contacto homosexual real.

R. Fisiológica: Liberación momentánea de la tensión y reducción del malestar.

-CONSECUENTE 2º:

La persona ha liberado su tensión (reforzamiento negativo), pero ha llevado a cabo la conducta que pretendía evitar.

-RESPUESTA 3ª:

R. Cognitiva: «Me ha vuelto a pasar, debería haberme controlado» (culpa).

R. Fisiológica: Malestar.

-CONSECUENTE 3º:

La persona se siente culpable y se esforzará por evitar estas conductas la próxima vez que surja la posibilidad de llevarlas a cabo, reanudándose todo el proceso descrito anteriormente.

PENSAMIENTOS INCONTROLABLES: EL MODELO DE LOS MECANISMOS TENSIONALES EN LA PSICOPATOLOGÍA HUMANA

PERSONALIDAD ANTISOCIAL

El trastorno de personalidad antisocial o psicópata está caracterizado, según el *DSM-IV-TR* (APA, 2002) y el *CIE-10* (OMS, 1992), por un patrón general de desprecio y violación de los derechos de los demás que se presenta desde la edad de 15 años. Ese patrón se caracteriza por fracaso en la adaptación a las normas sociales, deshonestidad, irritabilidad y agresividad, despreocupación imprudente por su seguridad o la de los demás, irresponsabilidad y falta de remordimientos. Además, antes de los 15 años se han dado pruebas sobre la existencia de un trastorno disocial. Para finalizar, el comportamiento antisocial no aparece exclusivamente en el transcurso de una esquizofrenia o un episodio maníaco.

A la hora de buscar las causas de la agresividad y la falta de compasión en los individuos con personalidad antisocial, habría que tener en cuenta como factores predisponentes la presencia de entornos familiares muy hostiles donde los niños hayan crecido entre el odio y la violencia. Estos niños han podido ver a sus padres resolver sus problemas usando la agresividad y la violencia y acabar ellos mismos aprendiendo a desenvolverse en la vida haciendo uso de ellas.

En muchas ocasiones, ellos mismos recibirían malos tratos por parte de sus padres y/o hermanos mayores. A lo largo de su vida podrían acumular odio y frustración y descargarlo sobre las demás personas. Pero hay personas con personalidad antisocial que no han vivido forzosamente en ese tipo de ambientes. El que una persona no haya crecido en un ambiente hostil, no quiere decir que haya tenido necesariamente una buena infancia desde el punto de vista psicológico. Ya se ha sugerido, en capítulos anteriores, el que los niños que

PENSAMIENTOS INCONTROLABLES: EL MODELO DE LOS MECANISMOS TENSIONALES EN LA PSICOPATOLOGÍA HUMANA

crecen sobreprotegidos podrían tener dificultades para desarrollar sus habilidades sociales, volverse inseguros, tener problemas para desenvolverse por sí mismos y para hacer amigos y sentirse inferiores y acomplejados. Cuando estos niños creciesen, podrían no sentirse a gusto a nivel social, responsabilizando a los demás de sus propias inseguridades y complejos personales, distanciándose emocionalmente de la gente y actuando de forma agresiva.

Aunque se asume que los psicópatas no tienen empatía y que no experimentan culpa ni remordimientos por sus comportamientos antisociales, quizás durante su infancia sí que hayan podido experimentar tales fenómenos. Podría ocurrir incluso que la culpa y los remordimientos hayan estado presentes de forma exacerbada, por diversos motivos, durante su infancia, minando el autoconcepto y la autoestima de la persona. Aunque la total indiferencia hacia los demás y su falta de arrepentimiento dan una apariencia de superioridad a los individuos psicópatas, quizás en el fondo son o han sido seres atormentados. Puede que antes de llevar a cabo acciones horribles o de descargar su odio hacia los demás, hayan intentado evitar tales conductas y controlar ese odio, pero, en base al efecto paradójico de la evitación experiencial, esto les ha resultado imposible. De la misma manera que se ha propuesto en los capítulos anteriores que los intentos de control/evitación de los impulsos ludópatas, cleptómanos, pirómanos, etc. hacían que éstos aumentasen en intensidad, el intento de control/evitación del sentimiento de odio o de impulsos hostiles y agresivos hacia los demás podría hacer que estos también aumentasen. Así, de ese modo, el mismo esquema funcional que se ha ido aplicando para explicar el resto de los trastornos analizados a lo largo del libro podría ser válido en el trastorno de personalidad antisocial:

PENSAMIENTOS INCONTROLABLES: EL MODELO DE LOS MECANISMOS TENSIONALES EN LA PSICOPATOLOGÍA HUMANA

-ANTECEDENTE:

A una persona, cuya infancia ha estado marcada por traumas de cualquier tipo (ambientes conflictivos, malos tratos, padres disfuncionales, etc.) o complejos personales, le surge la posibilidad de obtener algún beneficio (económico, sexual, etc.) mediante el daño o perjuicio de otra persona.

-RESPUESTA 1ª:

R. Cognitiva: «No debo pensar en ese asunto, no está bien» (evitación), «Si estoy barajando esa posibilidad es porque soy mala persona» (culpa), «La vida me ha tratado de manera muy injusta, otros tienen más suerte que yo» (odio), «Tal vez debería hacerlo, de todas formas yo nunca seré una persona normal y feliz» (ambivalencia).

R. Conductual: Se mantiene tensa y agitada.

R. Fisiológica: Ansiedad.

-CONSECUENTE 1º:

La persona sufre.

-RESPUESTA 2ª:

R. Cognitiva: «No soporto esta tensión, me rindo».

R. Conductual: Lleva a cabo la acción delictiva o antisocial que intentaba reprimir.

R. Fisiológica: Liberación momentánea de la tensión y reducción del malestar.

-CONSECUENTE 2º:

La persona ha llevado a cabo una conducta delictiva o antisocial en la que ha perjudicado o dañado a otras personas, aunque también ha logrado liberar tensión y obtener algún beneficio (económico, sexual, etc.) para él (reforzamiento negativo).

PENSAMIENTOS INCONTROLABLES: EL MODELO DE LOS MECANISMOS TENSIONALES EN LA PSICOPATOLOGÍA HUMANA

CONCLUSIONES

A falta de más validación empírica que respalde el Modelo de los Mecanismos Tensionales expuesto en este libro, los fenómenos a los que hace referencia son dignos de tener en cuenta. Así, mucha gente se pregunta cómo es posible que haya personas que sean capaces de llevar a cabo la mayoría de las conductas características de los trastornos analizados en los capítulos de este libro, cómo no se sienten culpables al realizarlas o cómo no son capaces de anteponer las consecuencias negativas que dichas conductas van a tener en sus vidas y de esforzarse por evitarlas, pero la cuestión es que justamente la culpa, la anticipación neurótica de determinadas consecuencias y los esfuerzos evitativos estarían en la base de los trastornos. Según lo visto a lo largo del libro, las personas llevarían a cabo las diversas conductas psicopatológicas, que perjudican sus vidas y les hace sentir mal, porque ya se sentían mal antes de realizarlas, debido a la tensión acumulada por los esfuerzos evitativos hacia los eventos privados relacionados con dichas conductas. Al final, y de forma paradójica, la única forma que tienen de descargar la tensión acumulada por los intentos de represión de estas conductas es llevándolas a cabo.

De todo lo señalado anteriormente, se deduce que, a la hora de hacer terapia, debería ser necesario tener en cuenta los mecanismos de la evitación experiencial y sus efectos paradójicos. La Terapia de Aceptación y Compromiso o ACT (Hayes, Stroshal y Wilson, 1999; Luciano, 2001; Wilson y Luciano, 2002) se presenta como una alternativa terapéutica eficaz cuyo objetivo no es intervenir directamente sobre los síntomas (pensamientos o sensaciones desagradables), sino alterar sus funciones cambiando el contexto en el que tienen lugar,

PENSAMIENTOS INCONTROLABLES: EL MODELO DE LOS MECANISMOS TENSIONALES EN LA PSICOPATOLOGÍA HUMANA

para que los pacientes puedan actuar en dirección a sus propios valores.

La descripción exhaustiva de ACT escapa al objetivo de este libro, aunque los lectores interesados tienen a su disposición diversos manuales (Hayes et al., 1999; Luciano, 2001; Wilson y Luciano, 2002) donde se detallan las técnicas y procedimientos concretos de esta novedosa terapia. En cualquier caso, resumiendo, ACT promueve la aceptación incondicional de todos los eventos privados con función aversiva mediante el empleo de metáforas y ejercicios vivenciales que favorecen la toma de conciencia de que los intentos de control/evitación de eventos privados constituyen la raíz de los problemas psicológicos, la desliteralización o separación del «yo-contexto» y el «yo-contenido» y el establecimiento de valores personales con los que comprometerse y por los que merece la pena aceptar y tolerar los eventos desagradables.

Según ACT, la terapia cognitiva clásica centrada en la detección, detención y reestructuración de los pensamientos negativos podría no ser eficaz, ya que intentar detectar y detener sus pensamientos es justo lo que hacen los pacientes y es justo ahí donde podría residir su fallo. Mientras más se intenta evitar cualquier evento privado, más intensidad cobra. Técnicas como la detección y detención de pensamientos o la reestructuración cognitiva podrían reforzar los perniciosos contextos de fusión/literalidad, de dar razones, de evaluación/valoración y de control/evitación, contextos que potencian la evitación experiencial. A pesar de ello, desterrar por completo una terapia como la cognitiva-conductual, que lleva demostrando eficacia terapéutica desde hace varias décadas, al menos para algunos casos clínicos concretos, podría ser demasiado arriesgado.

Es cierto que cualquier terapeuta cometería un grave error si obviara los fenómenos paradójicos propios de la

PENSAMIENTOS INCONTROLABLES: EL MODELO DE LOS MECANISMOS TENSIONALES EN LA PSICOPATOLOGÍA HUMANA

evitación experiencial y que este error puede dificultar seriamente la eficacia de cualquier intervención terapéutica. También es cierto que la ACT ofrece alternativas terapéuticas eficaces para desarmar los patrones crónicos de evitación en los que se hayan inmersas muchas personas, pero estas alternativas no siempre podrían resultar suficientes.

El contexto de dar razones no es algo artificial o anómalo, sino que, aún asumiendo que es reforzado socialmente, es probable que tenga un componente instintivo y natural en el ser humano. Esto es en parte reconocido por Wilson y Luciano (2002, p. 82) cuando afirman que la necesidad de tener razones convincentes para hacer las cosas que uno hace es un fenómeno casi inevitable en los seres humanos, a pesar de que pueda resultar perjudicial cuando se generaliza y esas razones se centran en los eventos privados.

Por otro lado, respecto al contexto de evitación/control, algunas personas están absolutamente convencidas de que es su obligación evitar y/o controlar los eventos privados que atentan contra su propia moralidad, sobre todo en el caso de algunos pensamientos relacionados con la sexualidad (Jiménez Díaz, 2012) u otros aspectos donde se hallen implicadas cuestiones éticas, y esto dificulta considerablemente la aceptación, a pesar de que la persona sea consciente de que la evitación le está resultando perjudicial. Además, lo emotivo, lo «visceral», o si se prefiere, las respuestas fisiológicas o síntomas propiamente físicos asociados a los eventos privados aversivos (ira, tensión, agitación, palpitaciones, sudoración, mareos, molestias gastrointestinales, embotamiento, insomnio, cansancio, etc.) parecen que no son tenidos en cuenta desde ACT cuando se afirma desde este enfoque que el miedo y la ansiedad son simples eventos verbales (Wilson y Luciano, 2002, p. 96). Pero las respuestas fisiológicas

PENSAMIENTOS INCONTROLABLES: EL MODELO DE LOS MECANISMOS TENSIONALES EN LA PSICOPATOLOGÍA HUMANA

desagradables asociadas a los eventos privados aversivos hacen que, a veces, se necesiten algo más que valores en el horizonte para que la persona acepte sin más lo que para ella es inaceptable y extremadamente doloroso.

Por ello, asumiendo que los terapeutas deberán estar completamente alertas para controlar el riesgo de que los pacientes entren en una dinámica de continua modificación y argumentación sobre sus cogniciones y que esto acabe siendo una forma más de evitación perjudicial y contraproducente, en algunos casos, cierta modificación de cogniciones podría tener utilidad terapéutica (bajo un criterio pragmático alejado de cualquier dogmatismo). No se trataría tanto de cambiar unos pensamientos por otros diferentes, sino de encontrar la forma de expresarlos de forma que se facilite su aceptación y, por tanto, su alteración funcional en aquellos casos en los que se detecte una resistencia fuerte a la aceptación incondicional. De la misma forma que en algunos casos concretos el empleo controlado de fármacos puede ayudar a la consecución de ciertos objetivos terapéuticos, una reestructuración cognitiva ocasional y supervisada por un terapeuta no tiene por qué ser siempre iatrogénica y podría resultar beneficiosa.

Incluso en la propia aceptación terapéutica que se propone desde ACT, aunque sus precursores insistan en que no es el contenido de los eventos lo que se modifica sino la función de los mismos, indirectamente se podrían estar dando procesos propios de una reestructuración cognitiva clásica. Así, las cogniciones del tipo: «No quiero pensar en X», «Tengo que controlar X», «Tengo que evitar sentir X», «Tengo que estar alerta para evitar que ocurran problemas» o «Tengo que averiguar por qué siento X» serían reemplazadas, bajo una perspectiva cognitivo-conductual, por las siguien-

PENSAMIENTOS INCONTROLABLES: EL MODELO DE LOS MECANISMOS TENSIONALES EN LA PSICOPATOLOGÍA HUMANA

tes: «No pasa nada por pensar en X», «Controlar X es contraproducente», «Esforzarse por evitar sentir X no sirve», «Estar alerta no me asegurará que no surjan problemas» o «No es necesario averiguar por qué siento X».

En definitiva, ACT también tiene lagunas y sería de ayuda que en el futuro se realizaran estudios empíricos sobre los fundamentos de sus técnicas o, si se quiere, de los mecanismos responsables del cambio funcional que se pretende con su utilización. (Kohlenberg, Tsai, Ferro, Valero, Fernández Parra y Virués-Ortega, 2005).

Continuando con las implicaciones terapéuticas, sería interesante analizar el papel de protección que pueden desempeñar las bromas o el sentido del humor. A diferencia de las personas preocupadizas, controladoras o evitativas, que se sienten terriblemente angustiadas al percatarse de la presencia de eventos privados aversivos, las personas con sentido del humor bien desarrollado suelen descargar la tensión que les origina la percepción de estos eventos bromeando directamente sobre ellos. Un ejemplo podría ser el caso de los adolescentes o adultos que, en vez de intentar reprimir, controlar, evaluar o valorar sus percepciones, cuando perciben el atractivo de chicas de menor edad que ellos suelen descargar la tensión sexual y/o moral que les origina esta percepción bromeando directamente sobre los emergentes atributos sexuales de estas chicas en relación a su corta edad (previniendo así la acumulación de tensión ante estos estímulos y el posterior desarrollo de una posible pedofilia). La broma sería un «mecanismo de defensa» al modo de los establecidos por Anna Freud (1936).

Para concluir, de todo lo analizado hasta ahora se deduce la importancia de la prevención desde la infancia de los patrones de personalidad evitativa y/o neurótica, ya que éstos se encuentran en la base de las psi-

PENSAMIENTOS INCONTROLABLES: EL MODELO DE LOS MECANISMOS TENSIONALES EN LA PSICOPATOLOGÍA HUMANA

copatologías expuestas en este libro. Mientras más insegura sea una persona, más importancia dará al hecho de tener bajo control sus eventos privados (pensamientos, emociones, etc.), haciendo juicios constantes sobre lo adecuado o no de los mismos y poniéndose a prueba a sí misma ante cualquier situación o estímulo que le resulte amenazante (no sólo desde el punto de vista físico sino también a nivel psicológico o moral).

REFERENCIAS BIBLIOGRÁFICAS

American Psychiatric Association (2002). *DSM-IV-TR. Manual diagnóstico y estadístico de los trastornos mentales. Texto Revisado*. Barcelona: Masson.

Bailey, J. M., Pillard, R. C. (1991). A genetic study of male sexual orientation. *Arch.Gen. Psychiatry, 48*, 1089-1096.

Bertelsen, A., Harvard B., Hauge, M. (1977). A Danish twim study of manic depressive disorder. *Br J Psychiatry, 130*, 330-351.

Craske, M.G., Street, L. y Barlow, D.H. (1990). Instructions to focus upon or distract from internal cues during exposure treatment of agoraphobic avoidance. *Behaviour Research and Therapy, 27*, 663-672.

Dougher, M. J. y Hackbert, L. (1994). A behaviour-analytic account of depression and a case report using acceptance-based procedures. *The Behaviour Analyst, 17*, 321-334.

Freud, A. (2008). *El Yo y los mecanismos de defensa.* Barcelona: Ediciones Paidós.

Gold, D.B. y Wegner, D.M. (1995). Origins of ruminative thought: Trauma, incompleteness, non-disclosure, and suppression. *Journal of Applied Social Psychology, 25*, 1245-1261.

Hamer, D. H., Hu, S., Magnuson, V. L., Hu, N. y Pattatucci, A. M. L. (1993). A linkage between DNA markers on the X chromosome and male sexual orientation. *Science, 261,* 321-327.

Hayes, S. C., Wilson, K. W., Gifford, E. V., Follette, V. M. y Strosahl, K. (1996). Experiential avoidance and behavioral disorders: A functional dimensional approach to diagnosis and treatment. *Journal of Consulting and Clinical Psychology, 64(6),* 1152-1168.

Hayes, S.C., Strosahl, K.D. y Wilson, K.G. (1999) *Accepttance and conmmitment therapy. An experiential approach to behavior change.* NuevaYork. Guilford Press.

Jiménez Díaz, R. (2012). La génesis de las parafilias sexuales y la homosexualidad egodistónica: el Modelo de los Mecanismos Tensionales. *Avances en Psicología Latinoamericana, 30 (1),* 146-158.

Kallman, F. J. (1952a). Comparative twin study on the genetic aspects of male homosexuality. *J. Nerv. Mental Disease, 115,* 283-298.

Kallman, F. J. (1952b). Twin and sibship study of overt male homosexuality. *Am. J. Hum. Genet., 4,* 136-146.

Kendler, K.S., Neale, M.C., Kessler, R.C., Heath, A. C. y Eeaves, L.I. (1992). A population based twin study of major depression in women: The impact ofvarying definitions of elliness. *Arch Gen Psychiatry, 49,* 257-266.

Kohlenberg, R.J., Tsai, M., Valero, L., Ferro, R., Fernández Parra, A. y Virués-Ortega, J. (2005). Psicoterapia Analítico-Funcional y Terapia de Aceptación y Compromiso: teoría, aplicaciones y continuidad con el análisis del comportamiento. *International Journal of Clinical and Health Psychology, 5 (2)*, 349-371.

LoPiccolo, J. (1994). Acceptance and Broad Spectrum Treatment of Paraphilias. En S. C. Hayes, N. S. Jacobson, V. M. Follette y M. J. Dougher (Eds.). *Acceptance and Change: Content and Context in Psychotherapy* (pp. 149-170). Reno: Context Press.

Luciano, M.C. y Huertas, F. (1999). *ACT through several cases*. Paper present in Association for Behavior Analysis. May. Chicago. IL.

Luciano, M.C. (2001). *Terapia de Aceptación y Compromiso (ACT), Libro de Casos.* Valencia: Promolibro.

Marlatt, G.A. (1994). Addiction and Acceptance. En S.C. Hayes, N.S. Jacobson, V.M. Follette y M.J. Dougher (Eds.) *Acceptance and Change Content and Context in Psychotherapy* (pp. 175-197). Reno: Context Press.

McCarthy, P.R. y Foa, E.B. (1990). Obsessive-compulsive disorder. En M.E. Thease, B.A. Edelstein y M. Hersen (Eds.). *Handbook of outponent treatment of adults: Noupsychotic mental disorders* (pp. 209-234). Nueva York: Plenum.

McConaghy, N. (1980). *Behavior Completion Mechanisms.* New York: Plenum Press.

Nash, H.M. y Farmer, R. (1999). *Modification of Bulimia-related behavior in the context of Acceptance and Commitment Therapy*. Paper present in Association for Behavior Analysis. Chicago. IL.

Organización Mundial de la Salud (1992). *Décima revisión de la clasificación internacional de las enfermedades. Trastornos mentales y del comportamiento: Descripciones clínicas y pautas para el diagnóstico*. Madrid: Meditor.

Velasco, J.A. y Quiroga, E. (2001). Formulación y solución de un caso de abuso de alcohol en términos de aceptación y compromiso. *Psicothema, 13*, 50-56.

Wilson K. y Luciano M.C. (2002). *Terapia de aceptación y compromiso (ACT). Un tratamiento conductual orientado a los valores*. Madrid: Pirámide.

Wulfert, E. (1994). Acceptance in the Treatment of Alcoholism: A comparison of Alcoholics Anonymous and Social Learning Theory. En S. Hayes, N. S. Jacobson, V. M. Follete y M. J. Dougher (Eds.), *Acceptance and Change: Content and Context in Psychotherapy*. Reno, Nevada: Context Press.

PENSAMIENTOS INCONTROLABLES: EL MODELO DE LOS MECANISMOS TENSIONALES EN LA PSICOPATOLOGÍA HUMANA

Rafael Jiménez Díaz
e-mail: rfjdpsicologo@hotmail.com

PENSAMIENTOS INCONTROLABLES: EL MODELO DE LOS MECANISMOS TENSIONALES EN LA PSICOPATOLOGÍA HUMANA

www.ingramcontent.com/pod-product-compliance
Lightning Source LLC
Chambersburg PA
CBHW070426180526
45158CB00017B/884